马铃薯表观特征及空间分布信息提取与分析

何英彬　罗其友　季维春
张胜利　徐　飞　焦伟华　　著

中国农业科学技术出版社

图书在版编目（CIP）数据

马铃薯表观特征及空间分布信息提取与分析／何英彬等著．—北京：中国农业科学技术出版社，2018.8

ISBN 978-7-5116-3825-0

Ⅰ.①马… Ⅱ.①何… Ⅲ.①马铃薯–栽培技术 Ⅳ.①S532

中国版本图书馆 CIP 数据核字（2018）第 181826 号

责任编辑　李冠桥
责任校对　贾海霞

出 版 者　中国农业科学技术出版社
　　　　　北京市中关村南大街 12 号　邮编：100081
电　　话　（010）82109705（编辑室）　（010）82109702（发行部）
　　　　　（010）82109709（读者服务部）
传　　真　（010）82106625
网　　址　http://www.castp.cn
经 销 者　各地新华书店
印 刷 者　北京建宏印刷有限公司
开　　本　710mm×1 000mm　1/16
印　　张　10.75　彩插　8 面
字　　数　202 千字
版　　次　2018 年 8 月第 1 版　2018 年 8 月第 1 次印刷
定　　价　88.00 元

致　谢

　　中国农业科学院科技创新工程从 2013 年起开始执行，该项目旨在连续支持科研工作者持续长期从事自身领域的研究，自由选题，这为我课题组长期积累相关数据，深入马铃薯表观特征及空间分布研究提供非常好的平台；在科技创新工程项目的连续支持下，经过几年的研究及合作，本著得以定稿问世。此外，还要感谢国家自然科学基金"基于动态过程导向的马铃薯种植适宜性时空精细化评价研究"（项目号：41771562）对本研究的资助。

　　本著顺利完成过程中，离不开诸多领导、同事、学生、朋友和亲人的帮助。首先，感谢中国农业科学院院长、中国工程院院士唐华俊研究员，农业资源与农业区划研究所周清波所长、郭同军书记、王秀芳副所长、金轲副所长、杨鹏副所长、科研处刘爽副处长及科研处各位同事，农业布局与区域发展团队罗其友首席、姜文来副主任及团队同仁；此外，还要感谢吉林省农业委员会相关领导在联系马铃薯野外实习基地过程中给予的大力支持，感谢吉林省蔬菜花卉科学研究院现任和原院领导给予工作的大力支持，感谢研究院马铃薯研究所张胜利所长、徐飞副所长、韩忠才、孙静、李天亮、王中原以及吉林省农业科学院经济植物研究所王忠伟书记和李闯。

　　马铃薯田间试验是本著重要的关键性基础工作，试验结果准确与否直接关系到马铃薯表观特征各项研究的科学性和应用性，课题组成员们不但秉承了严谨的态度，而且为此付出了辛勤的汗水，在酷热的环境里、在暴晒的条件下一丝不苟的进行测量工作，积累了大量宝贵的一手数据，感谢研究团队成员焦伟华、周扬帆、段丁丁、王卓卓、罗善军、张远涛、朱娅秋、于金宽、徐瑞阳，他们不但很好地完成了田间测量和野外考察工作，还参与了本著的撰写。

　　最后，我要着重感谢我的家人一直以来对我无条件的支持和关爱，由于马铃薯生长季时间长且较为集中，日常事务烦琐，因此不能经常陪伴家人，我愿将本著作为给家人的献礼，以答谢家人的支持！

著　者

2018 年 8 月

作者简介

何英彬，中国农业科学院农业资源与农业区划研究所副研究员。2004—2005 年赴意大利海外农业研究所（IAO）学习，获得"3S 技术"与自然资源评价专业硕士学位；2006 年 9—12 月赴日本国际农林水产业研究中心（JIRCAS）作访问学者；2008 年 12 月赴澳大利亚墨尔本作访问学者，从事土地适宜性评价研究；2014 年 5 月正式受聘于澳大利亚昆士兰大学，成为其农业遥感监测与预测领域的客座教授；2015 年 11 月，正式受聘于天津工业大学，成为其作物种植适宜性等研究领域的客座教授。曾多次出访澳大利亚、美国、日本、新加坡、加拿大、马来西亚等国家从事学术交流活动。此外，近年专注于马铃薯领域研究，并与国际马铃薯中心（CIP）开展了较为深入的互动与合作。先后主持国家自然科学基金面上基金、青年基金、APEC 组织项目、中澳政府间合作项目、财政部专项、农业部专项等 10 余项；参加国家自然科学基金重点项目、科技部"973"课题、科技部国际合作重大项目、科技部国家科技支撑计划项目、科技部公益项目及平台项目 10 余项。发表论文 50 余篇，其中 SCI/EI 论文 10 余篇；发表有关马铃薯方面的专著 1 部，译著 2 部，其他以主编身份专著编著 5 部，参与编著论著 6 部；获得软件著作权 1 份；得奖 5 项。

罗其友，中国农业科学院农业资源与农业区划研究所研究员，博士研究生导师，中国农业科学院农业区域发展岗位杰出人才，农业布局与区域发展创新团队首席，国家马铃薯产业技术体系产业经济岗位专家，长期从事农业发展区域问题、马铃薯产业经济研究。

季维春，吉林省蔬菜花卉科学研究院院长。熟悉掌握吉林省农业发展现状，在吉林省农业现代化研究、农村经调查研究等方面做了大量工作。结合农业生产实际，开展"智慧农业遥感监测系统"建设，实现了农情监测的信息化、数字化、标准化、智能化和可视化，为吉林省打造设施农业、智慧农业和现代农业，起到引领和示范的作用。研究取得的多项科研成果应用在农业生产服务中。主持和参加各级科研项目9项，其中主持科研项目5项，获有6项科研成果奖。获2012年吉林省优秀调研成果二等奖1项，获2012年吉林省社会科学界联合会第四次社会科学优秀成果奖1项，获2013年吉林省自然科学学术成果三等奖1项，获2009—2010年度吉林省农业技术推广奖二等奖1项，获2015年中国农业资源与区划学会科学技术三等奖2项。第一作者在学术刊物和全国区划学会学术会议上发表论文4篇。其中获得中国农业资源与区划学会学术年会论文二等奖2篇，三等奖2篇。

张胜利，吉林省蔬菜花卉科学研究院研究员，毕业于东北师大学生物学专业，1990年分配到吉林省蔬菜花卉科学研究所工作，现任吉林省蔬菜花卉科学研究院马铃薯研究所所长。任中国作物学会马铃薯专业委员会理事，吉林省马铃薯品种审定委员会委员。以严谨的科研态度，主持与参加吉林省马铃薯产业技术体系、省科技厅项目及省财政厅项目等工作。负责完成马铃薯国家"十一五""十二五"科技攻关项目，先后获国家、省政府奖十余项，审定育成新品种2个。获得"马铃薯贮藏保鲜关键技术推广示范"全国农牧渔业丰收奖农业技术推广合作奖；"优质马铃薯旱作节水大垄机械化栽培技术示范与推广"2010—2011年度吉林省农业技术推广奖一等奖；"春薯9号马铃薯新品种示范与推广"吉林省科技进步三等奖马铃薯贮藏技术示范与推广吉林省农业技术推广一等奖等，发表论文15篇。

徐飞，吉林省蔬菜花卉科学研究院副研究员。2001年延边大学农学院农学专业本科毕业，2004年吉林农业大学园艺学院蔬菜学专业硕士毕业，2007年华南农业大学蔬菜学专业博士毕业。现任吉林省蔬菜花卉科学研究院马铃薯所副所长，中国作物学会马铃薯专业委员会委员。2009年1—11月，农业部委派赴泰国Kasetsart University访问学者。主要从事马铃薯育种、病害防控及贮藏技术研究。主持与参加吉林省马铃薯产业技术体系、省科技厅项目及省财政厅项目等工作。获得"马铃薯贮藏保鲜关键技术推广示范"全国农牧渔业丰收奖农业技术推广合作奖；"优质马铃薯旱作节水大垄机械化栽培技术示范与推广"2010—2011年度吉林省农业技术推广奖一等奖；"春薯9号马铃薯新品种示范与推广"吉林省科技进步三等奖马铃薯贮藏技术示范与推广"吉林省农业技术推广一等奖等，发表论文10篇。

焦伟华，山东财经大学农业与农村经济研究中心讲师，主要从事土地资源管理、农业产业经济等方面研究，参与农业部、科技部等国家和省部级课题5项，以第一作者发表论文5篇，SCI/EI论文3篇，参编著作3部。

前　言

　　我国地域广阔，人口众多，是全球主要的粮食生产与消费大国之一，粮食安全已成为关系我国国民经济发展、社会稳定和国家自立的全局性重大战略问题。然而，诸多全球性环境问题，如水资源短缺、土地沙漠化加剧及水土流失等因素导致我国粮食生产环境恶化。在人口数量不断增长、耕地总面积有限的背景下，如何提高我国粮食产量与品质水平已经成为政府部门和学术界共同关注的重要议题。马铃薯凭借其种植适宜地区广阔、耐寒耐贫瘠等优势已成为新时期确保国家粮食安全的重要途径。2015 年初，随着我国马铃薯主粮化战略的启动，马铃薯被确认为继水稻、小麦和玉米之后的第四大粮食作物。近年来，我国马铃薯生产发展较快，逐步成为世界上面积和产量最大的马铃薯生产国。

　　获取具有较高时效性和准确性的全国或区域尺度马铃薯面积和产量数据，是确保政府宏观决策科学性的基本前提。马铃薯表观特征信息提取可以为实现马铃薯大面积种植空间格局精准信息的获取、时空格局动态变化的追踪及变化机理的分析打下较好的基础，从而能够为马铃薯种植布局优化提供技术支持。马铃薯表观特征及空间分布提取是一个跨学科的研究领域，随着数学理论的不断发展、学科交叉日益活跃和科技的持续进步，未来可预见的马铃薯表观特征及空间分布提取研究方法将越来越丰富。本书着眼于马铃薯产业布局优化层面，遵循从微观到宏观的逻辑顺序，首先基于 2016—2017 两年连续田间试验的一手资料对马铃薯的各类表观特征进行研究，然后在此基础上尝试对马铃薯的空间分布信息进行提取，最后对马铃薯空间分布的变化机理进行分析。本书借助遥感、地理信息系统和全球定位系统等高新技术手段，采取多种研究方法，力求从多个角度对马铃薯生长过程各种信息进行获取，并为该研究领域未来发展方向提出见解。编写本著之根本目的在于对过去五年科技创新工程和自然科学基金项目资助下的研究成果进行总结和梳理，同时为未来的相关研究提供借鉴。

　　本著分为七章。各章节主要内容如下：第一章，马铃薯田间试验设计与数据采集是对马铃薯田间试验情况、试验数据的采集和处理进行介绍，主要由王卓卓、焦伟华、徐飞等完成。第二章，马铃薯物候期信息获取与分析，是基于收敛式有效积温的计算方法对马铃薯生长周期内的有效积温进行计算，并对马铃薯干物质积累与有效积温的关系进行分析，主要由何英彬、季维春、张胜利、王忠伟、焦伟华、段丁丁完成。第三章，马铃薯高光谱获取与数据分析，介绍了构建 7 种作物高光谱曲线特征差异性指标，并以马铃薯、玉米、大豆和水稻为研究对象，对不同指标区分马铃薯与其他作物的适用性进行了实证分析，并利用高光谱特征参数法、连续统去除法和马氏距离法 3 种不同的方法对马铃薯不同品种之间的辨别进行研究，该章由何英彬、罗其友、段丁丁、周扬帆、罗善军、王卓卓、徐飞、韩忠才、孙静完成。第四章，马铃薯 LAI 值反演与分析，主要阐述了通过相关分析确定敏感波段并构建 7 个植被指数，应用连续统去除法提取 7 个连续统去除光谱特征参数，最后将植被指数和不同特征参数分别与马铃薯叶面积指数进行统计分析并精度验证，该章主要由罗善军、何英彬、季维春、张胜利完成。第五章，马铃薯荧光信息获取与分析，主要阐述应用 FluorMOD 模型对 3 种日光诱导叶绿素荧光提取的常用方法提取叶绿素的精度进行对比分析，以马铃薯和玉米为研究对象，验证 3 种方法提取荧光的适用性，主要由王卓卓、何英彬、徐飞、于金宽、朱娅秋、张远涛完成。第六章，马铃薯空间分布信息提取，主要阐述运用 BP 神经网络法和最大似然法 2 种遥感图像识别分类方法对马铃薯空间分布进行研究，并对分类精度进行分析，主要由周扬帆、罗善军、张远涛、何英彬、罗其友完成。第七章，马铃薯空间分布变化机理分析，主要介绍基于多元线性回归模型建立相应的变量指标体系，并通过豪斯曼检验确定随机效应的面板数据回归模型，得出引起马铃薯种植面积变化的影响因素，以探寻引起马铃薯种植面积变化的各种原因，为我国马铃薯种植中长期战略决策提供参考，主要由何英彬、张文博、苏伟伟完成。

全书由何英彬、焦伟华统稿，何英彬最终定稿。

由于研究问题复杂且著者水平有限，加之时间仓促，偏颇之处在所难免，我们真诚地希望广大专家、学者能在这一领域进行更多的交流与合作，同时对本书提出宝贵的意见和建议，为各级农业部门在推动马铃薯产业发展过程中的决策提供科学依据。

著 者
2018 年 8 月

目　　录

图目录

表目录

第一章 马铃薯田间试验
设计与数据采集

第一节 大田试验设计

吉林省是我国马铃薯主产区之一，2016 年马铃薯种植面积 14.38 万 hm²，产量 436.92 万 t（张胜利等，2017）。吉林省四平地区具有适宜马铃薯生长的气候和土壤条件，是吉林省重要的马铃薯商品薯生产基地。结合吉林省马铃薯栽培专家的建议，综合考虑试验条件、地形地貌、地理位置及马铃薯产量等因素，马铃薯田间试验于 2016—2017 在吉林省蔬菜花卉研究院与吉林省农业科学院经济作物研究所位于四平市的实验田中进行。

（1）根据专家建议及田间试验经验，选择具有代表性的马铃薯早、中、晚熟品种——延薯 4 号（早熟）、费乌瑞它（晚熟）、夏坡蒂（中晚熟）开展田间试验（每年 5 月至 10 月）。实验田面积为 6 亩（1 亩约为 667m²，全书同），每个马铃薯品种重复种植 3 次，共 9 个小区。重复区内马铃薯株距 20~30cm，垄宽 80~90cm，每行 25 株，每小区播种 100 株，重复间留 1m 过道。试验田靠近水泥路边一侧设置 4 个保护行，靠近其他作物一侧设置 2 个保护行，如图 1-1 所示。其中，1 区、4 区、7 区种植夏坡蒂，2 区、5 区、8 区种植延薯 4 号，3 区、6 区、9 区种植费乌瑞它。马铃薯生长关键期（即结薯起始期及块茎快速膨大期）内生长参数每 7d 取样测量一次，其他时段每 7d（早熟）或 10d（中晚熟）取样测量一次；结薯起始期及块茎快速膨大期等关键生长期内取样间隔缩短为 3d，以便准确获取马铃薯的各类生长参数。马铃薯取样按如下方法进行：在每个试验点开展试验时，每个品种的 3 个不同重复区同时取样，为避免边界效应，每次取样从重复区第 3 垄开始，每垄随机抽选 10 株马铃薯，抽选时应尽量避开边界马铃薯植株，将选中的植株全部挖出，分器官称取鲜重（根、茎、叶、花、果实、种子），再烘干称取干重。然后，记录相关数据并建立数据库；每次取样前还须测量马铃薯叶面积指数（LAI值）等生长生理参数，并作相应记录；下次操作须隔垄取样，最后一次取样避免取边界垄植株。

（2）施肥与其他管理措施同当地大田生产。试验区土质均匀，排灌方便，每亩施用氮肥量6kg（纯N）、钾肥量9kg（K$_2$O）、磷肥量10kg（P$_2$O$_5$），氮、磷、钾在播种时一次性深施。试验过程中，每个小区的水肥条件均保持一致。在试验区相邻气象站点收集马铃薯全生育期逐日气象数据，包括日平均温度、最高温、最低温、相对湿度和风速等。本研究需要在研究区取土样，土壤取样及分析测定情况如下：样方地理位置在试验区内均匀分布，每个土样挖土深度30cm，通过实验室测得土壤信息，包括土壤pH值、有机质含量等10个指标。

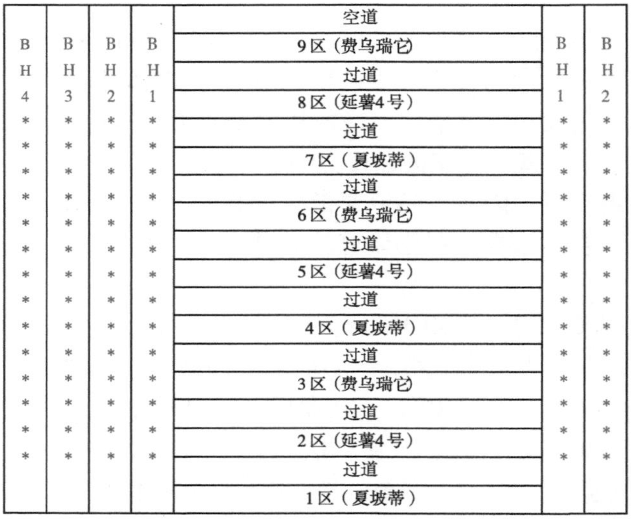

B H 4 * * * * * * * * * * *	B H 3 * * * * * * * * * * *	B H 2 * * * * * * * * * * *	B H 1 * * * * * * * * * * *	空道	B H 1 *	B H 2 *
				9区（费乌瑞它）		
				过道		
				8区（延薯4号）		
				过道		
				7区（夏坡蒂）		
				过道		
				6区（费乌瑞它）		
				过道		
				5区（延薯4号）		
				过道		
				4区（夏坡蒂）		
				过道		
				3区（费乌瑞它）		
				过道		
				2区（延薯4号）		
				过道		
				1区（夏坡蒂）		

注：BH为保护行；＊为植株

图1-1 马铃薯大田实验示意

第二节 大棚试验设计

与大田试验相同，马铃薯大棚试验于2016—2017在吉林省农业科学院经济作物研究所位于四平市的实验大棚中进行。

（1）根据专家建议及以往田间试验经验，选择马铃薯中品种夏坡蒂开展生长试验（每年5月至10月）。该品种重复种植3次，重复区内马铃薯垄深0.1m、垄距0.65m、株距0.25m、每方48垄、垄长275m、每垄11

株。试验中采用湿度计监测土壤水分。参照土壤相对含水量的划分标准——正常水分处理（70%～80%）、水分较多（85%～90%）、水分较少（45%～55%），本试验的水分处理分为三种：正常水分（CK）、水分多（WM）以及水分少（WS）；以尿素含量进行氮素梯度设置，本试验的氮肥处理包括三种：氮素较少（N1）、正常氮素（N2）、氮肥较多（N3）。因此，本试验共包含9种水氮结合处理，每种处理设3个重复。以3条垄为一个小区，试验大棚共包含小区27个。试验区两侧各设置两个保护行（保护行1~4）。水分少与正常水分之间设置两个隔断，正常水分与水分多之间设置5个隔断，如图1-2所示。

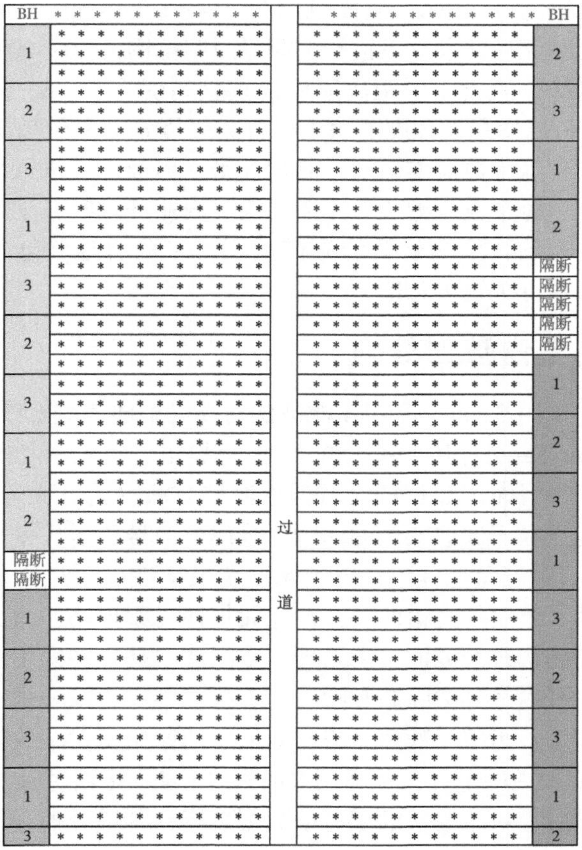

图1-2　马铃薯大棚水氮组合实验方案

注：黄色代表水分少（WS）的区域，绿色代表正常水分（CK）区域，蓝色代表水分多（WM）的区域；1代表肥处理少理，2代表正常处理，3代表多肥处理。

BH为保护行；＊为植株

（2）试验区土质均匀，排灌方便。氮肥、磷肥、钾肥在播种时一次性深施，氮肥、磷肥、钾肥的施用比例为 6：3：12。

第三节　数据采集及处理

一、高光谱数据采集

冠层反射率光谱采集使用美国 Ocean Optics 公司生产的 USB2000+ 光谱仪，采样间隔为 0.44nm，波段范围为 350～1 050nm。光谱数据测量必须在天气晴朗、无风的条件下进行，测量时间范围为 10：00—14：00，采集时传感器探头垂直向下，距离冠层的垂直高度为 50cm，传感器探头使用 25°视场角，以便最大程度消除土壤背景等因素对马铃薯冠层光谱反射率的影响。为了保证数据准确性，测量前采取标准白板进行校正。每个小区观测 3 个点，每个点观测 5 条光谱曲线。内业处理时，剔除每组中的异常光谱，取平均值作为马铃薯的光谱数据。测量的时点包含马铃薯结薯期、块茎膨大期等关键生长期。

二、高光谱数据处理

本篇统一采用 Savitzky-Golay 滤波法对高光谱曲线进行处理。Savitzky-Golay 滤波法由 Savizky 和 Golay 在 1964 年提出，它是一种通过局部多项式回归模型来平滑时序数据的时域低通滤波方法（范文义等，2004），该方法的最大优点在于滤波噪声的同时可以确保信号的形状和宽度不变（李党辉，2017）。在测量过程中，由于光谱仪灵敏性以及近红外光谱易受外界干扰等原因，绘制的光谱曲线会产生无规律高频振动，为了便于后续分析，须对光谱曲线进行滤波平滑处理。空间滤波是一种采用滤波处理的影像增强方法，可以达到去除高频噪声与干扰、影像边缘增强、线性增强以及去模糊的效果。为减小噪声影响，对采集的原始反射率数据截取波长在 380～850nm 范围内的部分，并采用 Savitzky-Golay 平滑滤波方法处理得到滤波曲线。最后，对滤波后的反射率数据进行一阶微分处理，得到马铃薯一阶导数光谱数据。

参考文献

范文义，杜华强，刘哲 . 2004. 科尔沁沙地地物光谱数据分析 ［J］. 东北林业大学学报，32（2）：45-48.

李党辉，谢敏，乔枫 . 2017. 基于遥感的甘肃省庆阳市植被物候信息提取 ［J］. 水土保持研究，24（3）：136-140.

张胜利，徐飞，韩忠才，等 . 2017. 2016 年吉林省马铃薯产业发展现状、存在问题及建议 ［J］. 2017 年马铃薯大会 .

第二章 马铃薯物候期信息获取与分析

第一节 作物物候期信息获取研究进展

物候指的是作物受气候和其他环境因子的影响而出现的以年为周期的自然现象，包括作物的发芽、展叶、开花、结果、落叶等，与之对应的作物器官动态时期称为物候期（陆佩玲等，2006）。物候是作物长期适应季节性变化的环境而形成的生长发育规律（王连喜等，2010）。作物物候期是重要的农业生态系统特征，准确获取作物的物候信息是农业生产、田间精细管理、计划决策等活动的重要依据，对于监测作物长势、进行作物种植管理、预测作物产量等具有重要意义（穆佳等，2014；吴玮等，2013；陈怀亮等，2015）。

目前，国内外学者对作物物候期信息获取已经做了大量研究，但主要针对水稻（孙华生等，2009；肖江涛，2008；杨知，2017；Jing Wang等，2015）、玉米（马冠南等，2017；张明伟，2006；赵虎，2010；曾玲琳，2015；Sakamoto T等，2013）、小麦（鹿琳琳等，2009；张明伟，2006；李颖等，2018；Marta S L等，2012；Haikuan等，2015）等禾本科作物及大豆（韩衍欣等，2017；赵虎，2010；曾玲琳，2015；Sakamoto T等，2010）等豆科作物，对于茄科作物马铃薯的研究还未见报道。马铃薯作为第四大粮食作物，对保障我国粮食安全有着重要意义。了解掌握马铃薯物候期，是进行马铃薯种植区域规划和制定马铃薯种植科学管理措施的重要依据。因此，开展马铃薯物候期信息获取方面的研究迫在眉睫。

作物生长的影响因素包括基因、环境和种植管理方式等（Asseng等，2005；Soltani等，2013）。然而，与温度和日照时间相比，其他环境因素（如水分、营养、辐照度水平等）对作物物候的影响很小（Major等，1991）。可见，作物物候主要受温度和日照时间两种因素的影响。对于马铃薯而言，在水分营养充足、种植管理方式合理的种植条件下，其生长过程主要受地面空气温度影响。鉴于此，本研究主要考虑空气温度因子对马铃薯物候期的影响。

第二节　马铃薯收敛式积温获取

一、收敛式有效积温的概念及计算方法

有效积温（Thermal Time，TT），又称生长度日（Growing Degree Days，GDD）、或生长度单位（Growing Degree Units，GDUs）、或热量单位（Heat Units，HUs），指的是作物某生育时期内日有效温度的总和。对于作物某一品种而言，其生长期的完成需要相对固定的热量积累（即有效积温），且生长过程中不同生育期所需要的有效积温相对稳定（王贺等，2012）。有效积温及与其相应的作物关键生物物理参数不会因为地理位置的差异而产生变化，所以通过作物生长季生长起始温度及有效积温的值，基本可以预判作物物候期。

计算有效积温的前提是计算作物生长期内每天的有效积温，采用非收敛性函数是现今最为普遍的计算方法。该方法的具体内容如下（曹卫星等，2001）：

$$ET = \Sigma\left(T_x - T_b\right) \qquad 式（2-1）$$

其中，ET 代表有效积温，T_x 代表日平均温度，T_b 代表作物生长最低温度。

然而，该计算方法存在明显缺陷，即温度越高，有效积温值就越高。这显然与实际情况不符，因为在作物的生长过程中并非温度越高越好。从图 2-1 可知：马铃薯的最优温度介于 18~20℃，温度过低或过高都不利于马铃薯生长。收敛式有效温度计算方法的出现正好弥补了这一缺陷，图 2-2 显示：收敛性函数计算得到的有效积温曲线与马铃薯的实际生长情况较为一致，更加符合作物生理与环境的互动特征。收敛式有效温度为有效积温的科学计算及物候期空间差异性精确表达奠定了坚实的基础，其值可以通过收敛性有效温度函数计算每日有效温度计和得到。

故本研究采用收敛性函数计算马铃薯有效积温，其计算公式如下：

$$ET = T_x \times \left[1 - \left(\frac{T_x - T_o}{T_o - T_b}\right)^2\right], \qquad T_x < T_o \qquad 式（2-2）$$

$$ET = T_x \times \left[1 - \left(\frac{T_x - T_o}{T_m - T_o} \right)^2 \right], \quad T_x < T_o \qquad \text{式（2-3）}$$

其中，ET 代表有效积温，T_x 代表日平均温度，T_b 代表作物生长最低温度，T_o 代表作物生长最佳温度，T_m 代表作物生长最高温度。

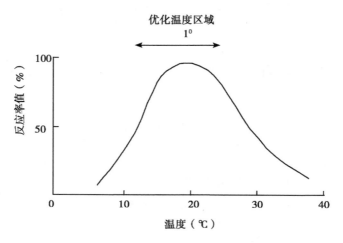

图 2-1　温度对马铃薯生长的影响

注：引自何英彬等，2016

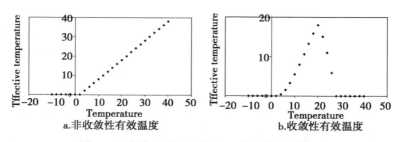

图 2-2　有效温度和有效积温不同计算方法差异

注：引自 Struik and Ewing，1994

对于日平均温度（T_x），它是反映气候特征的重要指标之一，通常有两种计算方法：一是求日最高气温和日最低气温的平均值（极值平均温）；二是计算一日 4 次定时（北京时间 2 时、8 时、14 时和 20 时）观测温度值的平均（4 时平均温）。叶芝菡等（2002）的研究表明：与极值平均温相比，4 时平均温接近实际日平均气温的程度略好。故本研究选择第二种方法计算日平均温度。

参照相关研究成果（何英彬等，2016；周岑岑，2015），本研究定义马铃薯生长最低温度（T_b）、马铃薯生长最佳温度（T_o）及马铃薯生长最高温度（T_m）分别为5℃、19℃和30℃。

二、马铃薯收敛式有效积温计算结果

1. 数据获取

试验于2017年5月至9月在长春市范家屯试验园区进行。2017年5月1日播种，2017年9月1日马铃薯结束生长。2017年6月8日、6月16日、6月22日、7月6日、7月18日、7月24日、8月8日及9月1日各取样一次，带回室内洗净晾干，分器官称取鲜重，烘干后得到干重。空气温度数据由试验区相邻气象站点收集。

2. 马铃薯收敛式有效积温计算结果

根据马铃薯有效积温的收敛性函数计算方法，得到两种品种的有效积温值如下表2-1。

表2-1　马铃薯育期内有效积温变化情况

序号	日期	播种后天数（d）	有效积温（℃）
1	20170608	28	395.010
2	20170616	36	532.918
3	20170622	42	640.601
4	20170706	56	894.945
5	20170718	68	1 061.925
6	20170724	74	1 164.277
7	20170808	89	1 449.578
8	20170822	103	1 719.936
9	20170901	112	1 735.136

注：作者根据实验数据整理得到

第三节 以收敛式积温标定的马铃薯
生长信息获取与分析

一、马铃薯干物质积累动态分析

马铃薯在整个生育期内，干物质的积累呈现出"慢—快—慢"的变化趋势，单株干物质的积累大体呈现"S"形特征（如表2-2，图2-3）。

表2-2 不同品种马铃薯生育期内干重变化情况

序号	日期	播种后天数（d）	延薯4号		费乌瑞它	
			块茎干重（g）	全株干重（g）	块茎干重（g）	全株干重（g）
1	20170608	28	0.000	2.753	0.000	3.290
2	20170616	36	1.043	11.657	1.108	10.974
3	20170622	42	5.190	31.180	3.313	22.990
4	20170706	56	238.200	477.320	27.920	77.020
5	20170718	68	80.400	140.800	79.800	125.000
6	20170724	74	95.600	185.800	35.200	75.400
7	20170808	89	49.800	144.900	29.200	94.200
8	20170822	103	106.000	172.000	125.400	228.840
9	20170901	112	106.000	172.000	125.400	228.840

注：作者根据实验数据整理得到

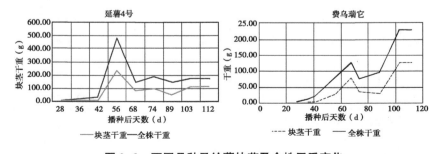

图2-3 不同品种马铃薯块茎及全株干重变化

二、基于收敛式有效积温的马铃薯种植生长模拟

SPSS（Statistical Package of the Social Science）即社会科学统计软件包，是一套模块化的统计分析软件。SPSS 由于其功能强大、操作简单，已经被广泛应用于社会科学、自然科学的各个领域。本研究采用 SPSS 软件中的曲线回归分析模型（S 曲线模型）对播种后天数与马铃薯全株干重、有效积温与马铃薯全株干重进行拟合分析。

1. 延薯 4 号

（1）延薯 4 号生长函数。以"播种后天数"为自变量、"全株干重"为因变量，采用曲线回归分析模型（S 曲线模型）进行拟合，结果如下（表 2-3，图 2-4）。

表 2-3　模型汇总

方程式	模型摘要					参数评估	
	R^2	F	df1	df2	显著性	常数	b1
S	0.954	145.960	1	7	0.000	6.974	−158.912

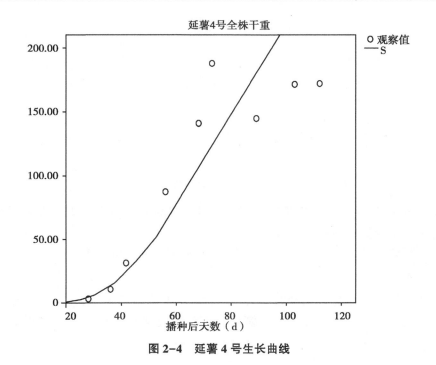

图 2-4　延薯 4 号生长曲线

由决定系数 R^2 可以看到，回归模型对实测值的拟合效果较好，由此得出原始变量的预测方程为：

延薯 4 号全株干重 $= \exp(6.974 - 158.912/$ 播种后天数$)$

（2）延薯 4 号有效积温与全株干重模拟结果。以"有效积温"为自变量、"全株干重"为因变量，采用曲线回归分析模型（S 曲线模型）进行拟合，结果如下（表 2-4，图 2-5）。

表 2-4　模型汇总

方程式	模型摘要					参数评估	
	R^2	F	df1	df2	显著性	常数	b1
S	0.821	32.135	1	7	0.000	6.934	−2 225.164

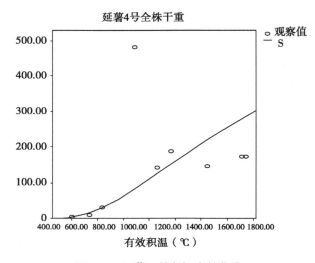

图 2-5　延薯 4 号积温生长曲线

由决定系数 R^2 可以看到，回归模型对实测值的拟合效果较好，由此得出原始变量的预测方程为：

延薯 4 号全株干重 $= \exp(6.974 - 158.912/$ 播种后天数$)$

2. 费乌瑞它

（1）费乌瑞它生长函数。以"播种后天数"为自变量、"全株干重"为因变量，采用曲线回归分析模型（S 曲线模型）进行拟合，结果如下（表 2-5，图 2-6）。

表 2-5　模型汇总

方程式	模型摘要					参数评估	
	R^2	F	df1	df2	显著性	常数	b1
S	0.968	184.155	1	6	0.000	6.670	-151.878

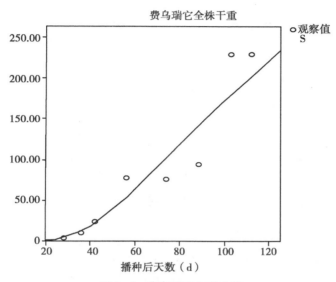

图 2-6　费乌瑞它生长曲线

由决定系数 R^2 可以看到，回归模型对实测值的拟合效果较好，由此得出原始变量的预测方程为：

费乌瑞它全株干重 = exp(6.67 - 151.878/ 播种后天数)

（2）费乌瑞它有效积温与全株干重模拟结果。以"有效积温"为自变量、"全株干重"为因变量，采用曲线回归分析模型（S 曲线模型）进行拟合，结果如下（表 2-6，图 2-7）。

表 2-6　模型汇总

方程式	模型摘要					参数评估	
	R^2	F	df1	df2	显著性	常数	b1
S	0.964	188.332	1	7	0.000	6.473	-2 108.069

由决定系数 R^2 可以看到，回归模型对实测值的拟合效果较好，由此

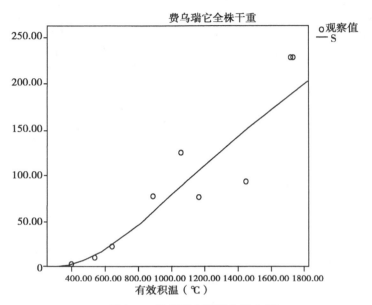

图 2-7　费乌瑞它积温生长曲线

得出原始变量的预测方程为：

　　费乌瑞它全株干重 $= \exp(6.473 - 2\,108.069/$ 有效积温$)$

参考文献

曹卫星，罗卫红 . 2001. 作物系统模拟及智能管理 [M]. 北京：华文出版社：34-47.

陈怀亮，李颖，张红卫 . 2015. 农作物长势遥感监测业务化应用与研究进展 [J]. 气象与环境科学，38（1）：95-102.

韩衍欣，蒙继华，徐晋 . 2017. 基于 NDVI 与物候修正的大豆长势评价方法 [J]. 农业工程学报，33（2）：177-12.

何英彬，罗其友，高明杰 . 2016. 气象因子对马铃薯种植影响的研究 [M]. 北京：中国农业科学技术出版社：52-53.

李颖，陈怀亮，李耀辉，等 . 2018. 一种利用 MODIS 数据的夏玉米物候期监测方法 [J]. 应用气象学报，29（1）：111-119.

陆佩玲，于强，贺庆棠 . 2006. 植物物候对气候变化的影响 [J]. 生态学报，26（3）：923-929.

鹿琳琳，郭华东.2009. 基于 SPOT/VEGETATION 时间序列的冬小麦物候提取方法 [J]. 农业工程学报，25（6）：174-179.

马冠南，丁春雨.2017. 基于植被指数和最优物候期的玉米产量预测研究 [J]. 农业与技术，39（9）：17-18，25.

穆佳，赵俊芳，郭建平.2014. 近30年东北春玉米发育期对气候变化的响应 [J]. 应用气象学报，25（6）：680-689.

孙华生，黄敬峰，彭代亮.2009. 利用 MODIS 数据识别水稻关键生长发育期 [J]. 遥感学报，13（6）：1130-1137.

王贺，白由路，杨俐苹等.2012. 利用有效积温建立夏玉米追肥时期决策模型 [J]. 中国生态农业学报，20（4）：408-413.

王连喜，陈怀亮，李琪，等.2010. 植物物候与气候研究进展 [J]. 生态学报，30（2）：447-454.

吴玮，景元书，马玉平，等.2013. 干旱环境下夏玉米各生育时期光响应特征 [J]. 应用气象学报，24（6）：723-730.

肖江涛.2008. 基于 MODIS 植被指数的水稻物候提取与地面验证 [D]. 电子科技大学.

杨知.2017. 基于极化 SAR 的水稻物候期监测与参数反演研究 [D]. 中国科学院大学.

叶芝菡，谢云，刘宝元.2002. 日平均气温的两种计算方法比较 [J]. 北京师范大学学报（自然科学版），38（3）：421-426.

曾玲琳.2015. 作物物候期遥感监测研究 [D]. 武汉大学.

张明伟.2006. 基于 MOOSI 数据的作物物候期监测及作物类型识别模式研究 [D]. 华中农业大学.

张学霞，葛全胜，郑景云.2004. 北京地区气候变化和植被的关系——基于遥感数据和物候资料的分析 [J]. 植物生态学报，28（4）：499-506.

赵虎.2010. 作物物候期及长势遥感监测若干问题研究 [D]. 武汉大学.

周岑岑.2015. 马铃薯生育期及形态建成的模拟研究 [D]. 华中农业大学.

Asseng S., Turner N. C. 2005. Modelling genotype environment management interactions to improve yield, water use efficiency and grain protein in wheat [M] //Spiertz J. H. J., Struik P. C., van Laar H. H. Scale and Complexity in Plant Systems Research: Gene - Plant - Crop

16 马铃薯表观特征及空间分布信息提取与分析

Relations. Springer: 93-104.

Haikuan Feng, Zhenhai Li, Peng He, et al. 2015. Simulation of Winter Wheat Phenology in Beijing Area with DSSAT-CERES Model [J]. Computer and Computing Technologies in Agriculture IX: 9th IFIP WG 5.14 International Conference, CCTA, Beijing, China, Papers (pp. 259-268).

Jing Wang, Jing-feng Huang, Xiu-zhen Wang, et al. 2015. Stimation of rice phenology date using integrated HJ-1 CCD and Landsat-8 OLI vegetation indices time-series images [J]. Journal of Zhejiang University-SCIENCE B, 16 (10): 832-844.

Major D. R., Kiniry J. R. 1991. Predicting day length effects on phenological processes [M] //HODGES T. Predecting crop phenology. Boca Raton: CRC Press, 15-28.

Marta S L, Matthew P R. 2012. Stay-gree in spring wheat Can be determined by spectral reflectance measurements (normalized difference vegetation index) independently from phenology [J]. Journal of Experimental Botany, 63 (10): 3789-3798.

Sakamoto T., Gitelson A. A., Arkebauer T. J. 2013. MODlS-based corn grain yield estimation model incorporatingcrop phenology mfomiation [J]. Remote Sensing of Environment, 131 (0):215-231.

Sakamoto T., Wardlow B. D., Gitelson A. A., Verma S. B., Suyker A. E., Arkebauer T.J.A 2010. Two-Step Filtering approach for detecting maize and soybean phenology with time-series MODIS data [J]. Remote Sensing of Environment, 114 (10): 2146-2159.

Soltani A., Maddah V., Sinclair T. R. 2013. SSM-Wheat: a simulation model for wheat development, growth and yield [J]. International Journal of Plant Production, 7 (4): 711-740.

Struik P C, Ewing E E. 1995. Crop phyisology of potato (Solanum tuberosum): responses to photopeiod and temperature relevant to crop modelling [M]. Potato Ecology And modelling of crops under conditions limiting growth: Kluwer Academic Publishers, 19-40.

第三章　马铃薯高光谱获取
与数据分析

第一节　作物高光谱分析研究进展

20 世纪 80 年代遥感技术取得了一系列重要突破，逐步形成了以高光谱为标志的新遥感技术系统，并迅速得到广泛应用（童庆禧等，2016）。高光谱是指利用许多很窄的电磁波波段从感兴趣的物体上获取数据和信息，解决宽波段遥感无法获取窄波段地物诊断性光谱特征的技术（浦瑞良等，2009；杜培军等，2016），这一特征使高光谱遥感成为 21 世纪遥感领域重要的研究方向之一（童庆禧等，2006）。与传统遥感技术相比，高光谱遥感具有光谱分辨率高、波段多、信息量丰富等优点，然而庞大的数据量和冗余信息也使得数据处理中有许多问题亟须解决，光谱特征提取便是其中之一（刘秀英等，2005）。目前，农作物高光谱研究日益增多，现有研究主要集中于水稻、玉米、小麦等禾本科作物及大豆等豆科作物等方面（Lin Du 等，2016；Siripatrawan U 等，2015；Chu Xuan 等，2017；Wang Wei 等，2015；Guo Binbin 等，2017；Huang Yanbo 等，2016）。2015 年我国启动马铃薯主粮化战略，马铃薯成为水稻、小麦、玉米外的又一主粮作物。因此，利用高光谱对马铃薯进行研究具有重要意义。

高光谱技术的迅速发展，不仅增加了光谱范围，而且大大提高了光谱分辨率。随着分辨率的提高，一阶微分导数光谱的应用越来越广泛。高光谱数据经求导运算后，可以减小平缓背景的影响，更准确地反映光谱曲线的变化趋势（李民赞等，2006；王秀珍等，2004；唐延林等，2004）。凭借这一特点，高光谱反射率数据和一阶导数微分数据在监测各种作物长势、分析作物养分和病害胁迫等方面已经取得了巨大进展。国外学者 Smith 等（2004）研究发现可用 725 nm 和 702 nm 处的一阶微分比值监测受泄漏气体胁迫的植被生长状况；Malthus 等（1993）分析了大豆受斑点葡萄孢感染的程度与可见光反射率的相关性，发现一阶导数与感染程度的相关性比原始反射率要高；许多学者的研究都表明小麦条锈病与不同波段范围内的反射率变化关系密切（Gmeff S 等，2006；黄木易等，2003；Moshou D 等，2004；Moshou D 等，2005）；其他作物方面，许多学者对不同作物的病虫害高光谱特征进行了大量研究（Zhang M H 等，2005；Xu H R 等，2007；Jones C D 等，2010；Naidu RA 等，2009；Huang J F 等，2006）。国内学者刘炜（2011）在缺磷胁迫下提取小麦的导数光谱特征，发现了冬小麦叶片一阶导数光谱对叶片磷素含量变化反应敏感的波长。蒋金豹（2010，2007）利用高光谱微分指数对条锈病胁迫下小麦冠层叶绿素密度进行估测，同时发现微分植被指数 SDr/SDg 能够准确监测并反演作物病害信息。吴长山等（2000）、黄春燕等（2007）分别研究了水稻、玉米、棉花冠层光谱与叶绿素密度相关性，发现 762 nm 反射率与叶绿素密度高度相关。

对于马铃薯，目前国内学者利用各种高光谱技术对块茎内外部缺陷检测进行了大量研究（苏文浩等，2014；周竹等，2012；徐梦玲等，2015；邓建猛等，2016；汤哲君等，2014；黄涛等，2015；汤全武等，2014；高海龙等，2013）。在病害检测方面，国外学者 Muir 等（1982）以马铃薯块茎为研究对象，研究了其在感染病害但肉眼尚不能发现时的光谱反射率特征，实现了病害的早期诊断；国内学者（徐明珠等，2016；郭红艳等，2016；高海龙等，2013；郝瑞娟等，2017；胡耀华等，2016；黄涛等，2015；周竹等，2012）借助高光谱技术在马铃薯的早疫病、晚疫病、空心病、黑心病和环腐病等病害检测方面取得许多研究成果。在养分胁迫方面，何彩莲等（2016）分析了不同施氮水平下马铃薯两个关键生育期的数字化指标和叶片光谱指标。陈争光等（2016）利用可见近红外光谱分析技术对马铃薯的块茎进行了品种鉴别，识别正确率达到 100%。然而，目前利用高光谱参数对马铃薯进行辨别方面的研究仍十分欠缺。所以，本章试图对此进行初步探讨和研究。

第二节　基于高光谱参数的作物辨别方法

一、作物高光谱曲线特征差异性指标建立

1. 高光谱反射率差异性指数

为进一步量化说明 SG 滤波后某种作物与其他作物高光谱反射率的差

异特征，建立了高光谱反射率差异性指数，即对同一测量波长值 w，某种作物 i 高光谱反射值与另一种作物 j 高光谱反射率值之差的绝对值与该种作物高光谱反射率值比值的百分率，公式为：

$$DR_{ij}(\%) = \frac{|R_{iw} - R_{jw}|}{R_{iw}} \times 100 \qquad 式（3-1）$$

式中，DR_{ij} 为高光谱反射率差异性指数，R_{iw} 表示马铃薯在波长 w 时的高光谱反射率值，R_{jw} 表示其他作物（玉米、大豆或水稻）在波长 w 时的高光谱反射率值。

2. 高光谱一阶导数差异性指数

研究表明光谱导数分析有利于扩大作物之间曲线特征差别（范文义等，2004）。基于此，本研究尝试对滤波后曲线进行一阶导数变换，以便分析马铃薯与其他作物间光谱特征的差异。为进一步量化说明一阶求导后某种作物与其他作物高光谱一阶导数的差异特征，建立了高光谱一阶导数差异性指数，即对同一测量波长值 w，某种作物 i 的高光谱一阶导数值与另一种作物 j 的高光谱一阶导数值之差的绝对值与该种作物高光谱一阶导数值的绝对值比值的百分率，公式为：

$$DFD_{ij}(\%) = \frac{|FD_{iw} - FD_{jw}|}{|FD_{iw}|} \times 100 \qquad 式（3-2）$$

式中，DFD_{ij} 为高光谱一阶导数差异性指数，FD_{iw} 表示马铃薯在波长 w 时的高光谱一阶导数值，FD_{jw} 表示其他作物（玉米、大豆或水稻）在波长 w 时的高光谱一阶导数值。

3. 高光谱红边幅值差异性指数

植物红边是绿色植物光谱在 680～740nm 之间反射率值增长最快的点（邹红玉等，2010）。红边是由于植被在红光波段叶绿素强烈的吸收与近红外波段光在叶片内部的多次散射而造成强反射形成的现象，是植物光谱最显著的标志。研究中通常采用两个因子描述红边特征：红边位置和红边斜率（又称红边幅值）（姚付启等，2009）。红边与植被的叶绿素含量、植被覆盖度、叶面积指数等各种理化参数紧密相关，是描述植物色素状态和生长状况的重要指示参数（Zheng 等，2007；Tang 等，2003；Li 等，2014）。植被覆盖度越高，叶面积指数越大，红边幅值越大，红边"红移"；反之，红边"蓝移"（冯秀绒等，2015；杜华强等，2009；Helmi Z M S 等，2006；TANG 等，2004；唐延林等，2004；赵春江等，2002；王秀珍等，2001）。为进一步量化说明某种作物高光谱红边幅值与其他作物在该红边幅值对应波长位置的高光谱一阶导数差异特征，将 680～740nm 范围内的高光谱一阶导数差异性指数定义为高光谱红边幅值差异性指数。

4. 高光谱曲率差异性指数

作物的高光谱曲线可以视为由若干分段的弧线组成。某一段弧上曲率最大的点对于确定曲线的形状具有重要作用（王亚飞等，2006）。曲率 K 的计算公式为：

$$K = \frac{|R_w''|}{(1 + R_w'^2)^{3/2}} \qquad 式（3-3）$$

式中，R_w' 表示作物在波长 w 时的高光谱一阶导数值，R_w'' 表示作物在波长 w 时的高光谱二阶导数值。为进一步量化说明某种作物高光谱曲率最大值与其他作物在该曲率最大值对应波长位置的曲率值差异特征，建立了高光谱曲率差异性指数，即对光谱波长 w，某一种作物 i 的曲率值与另一种作物 j 的曲率值之差的绝对值与该种作物曲率值比值的百分率，公式为：

$$DK_{ijw}(\%) = \frac{|K_{iw} - K_{jw}|}{K_{iw}} \times 100 \qquad 式（3-4）$$

式中，DK_{ijw} 为高光谱曲率差异性指数，K_{iw} 表示马铃薯的高光谱曲率值，K_{jw} 表示其他某种作物（玉米、大豆或水稻）在同样波长处的曲率值。

5. 高光谱植被指数差异性指数

基于植被指数识别农作物的估算模型具有计算简单、精度高等优点，从而得到了广泛应用（包刚等，2013；贾坤等，2013；李冰等，2012）。归一化植被指数（NDVI）作为当前较为流行的植被指数，常用来估算作物的生理生态参数，如覆盖度、叶面积指数、生物量、叶绿素含量、光合有效辐射等（李树强等，2014）；但研究发现 NDVI 在低密度植被覆盖条件下对土壤背景非常敏感，导致模型估算存在误差（王磊等，2013）。为降低土壤背景影响，Huete 等（1988）在 NDVI 计算公式基础上提出了考虑土壤类型的土壤调节植被指数（SAVI）（本研究测量作物光谱时，光谱仪探头位于作物上方 15cm 处，故不考虑土壤对于作物高光谱的影响，因此没有将 SAVI 纳入计算范围）。此外，比值植被指数（RVI）也得到了广泛应用，但是基于近红外与红光波段反射率比值 RNIR/RRED 的算式存在容易饱和的缺陷（王正兴等，2003）。在此基础上，增强植被指数（EVI）通过加入蓝光波段反射率，并在计算过程中弃用 RNIR/RRED 比值形式，从而解决了植被指数容易饱和以及与实际植被覆盖度缺乏线性关系的问题（李喆等，2015）。此外，本研究还借鉴了改进的简单比值指数（MSRI），近红外百分比植被指数（IPVI）、转换植被指数（TVI）、转换型差值植被指数（TDVI）（舒田等，2016；王崇等，2015）等方法。

为进一步量化说明某种作物与其他作物植被指数的差异特征，建立了高光谱植被指数差异性指数，即某一种作物 i 与另一种作物 j 高光谱植被指数值之差的绝对值与该种作物高光谱植被指数值比值的百分率，公式为：

$$DVI_{ij}(\%) = \frac{|VI_i - VI_j|}{VI_i} \times 100 \qquad 式（3-5）$$

式中，DVI_{ij} 为高光谱植被指数的差异性指数，VI_i 表示马铃薯 i 的高光谱植被指数值，VI_j 表示其他某种作物（玉米、大豆或水稻）的高光谱植被指数值。

二、数据处理

本研究选择 Savitzky-Golay（SG）滤波法对获取的初始作物高光谱曲线进行平滑处理。

三、分析结果

1. Savitzky-Golay 滤波结果及几种作物高光谱曲线特征分析

图 3-1 和图 3-2 分别展示了原始高光谱曲线和经 SG 滤波平滑处理后获得的高光谱曲线。图 3-2 表明：4 种作物绿色波段反射率峰值均位于波长 550.362nm 附近，反射率值由小到大的排列顺序为玉米<马铃薯<大豆<水稻，其中马铃薯的反射率值为 11.498%。在蓝色波段波长 450.021nm 和红色波段波长 690.160nm 处，由于类胡萝卜素和叶绿素吸收形成了典型作物蓝红波谷现象；在蓝色波段 450.021nm 处，马铃薯与水稻的反射率值相近；在红色波段 690.160nm 处，马铃薯与大豆、水稻的反射率值均相近。在近红外波段，4 种作物反射率值均大幅提升，马铃薯的首个峰值位于波长 761.631nm 处，在此波长处 4 种作物反射率值由小到大的排列顺序为马铃薯<大豆<水稻<玉米。

2. 马铃薯与其他作物高光谱曲线特征差异性结果

（1）高光谱反射率差异性指数分析结果。根据公式（3-1）计算得出：在绿色波段 550.362nm 处，马铃薯与玉米、大豆、水稻的高光谱反射率差异性指数值分别为 39.016%、49.068%、57.559%；在蓝色波段 450.021nm 处，马铃薯与玉米、大豆、水稻的高光谱反射率差异性指数值分别为 67.866%、20.875%、1.955%；在红色波段 690.160nm 处，马铃薯与玉米、大豆、水稻的高光谱反射率差异性指数值分别为 51.172%、

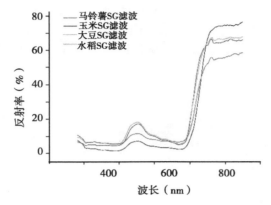

图 3-1 作物原始高光谱曲线

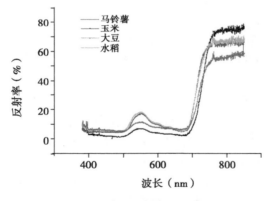

图 3-2 作物 SG 滤波后高光谱曲线

9. 211%、7. 742%；在近红外波段 761. 631nm 处，马铃薯与玉米、大豆、水稻的高光谱反射率差异性指数值分别为 27. 904%、19. 271%、20. 939%。综上所述，马铃薯与玉米的反射率值在 450. 021nm 处的差异最为显著，与大豆、水稻的反射率值在 550. 362nm 处的差异最为显著。

（2）高光谱一阶导数差异性指数分析结果。对 SG 滤波后 4 种作物高光谱曲线进行一阶求导，得到高光谱一阶导数曲线（图 3-3）。根据公式（3-2）计算得出：在绿色波段 550. 362nm 处，马铃薯与玉米、大豆、水稻的高光谱一阶导数差异性指数值分别为 74. 598%、720. 751%、157. 603%；在蓝色波段 450. 021nm 处，马铃薯与玉米、大豆、水稻的高

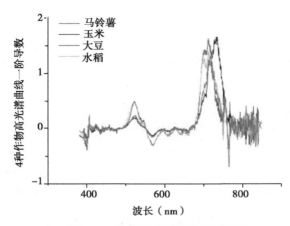

图 3-3 作物高光谱一阶导数曲线

光谱一阶导数差异性指数值分别为 123.622%、163.367%、571.236%；在红色波段 690.160nm 处，马铃薯与玉米、大豆、水稻的高光谱一阶导数差异性指数值分别为 1.296%、116.219%、129.141%；在近红外波段 761.631nm 处，马铃薯与玉米、大豆、水稻的高光谱一阶导数差异性指数值分别为 4140.670%、3632.536%、3519.378%。与（1）中高光谱反射率差异性指数值相比，在 550.362nm、450.021nm、761.631nm 处马铃薯与其他 3 种作物的高光谱特征差异被显著放大；在 690.160nm 处，仅马铃薯与大豆、水稻的差异性指数值有所增加。

（3）高光谱红边幅值差异性指数分析结果。对 4 种作物高光谱曲线进行一阶求导后可计算得出作物的红边位置与幅值（表 3-1），结合不同作物在不同红边位置的对比信息（图 3-4），得到以下结论：①马铃薯和大豆的红边位置均位于波长 712.9nm 处，在同一波长位置，马铃薯与玉米、水稻、大豆的高光谱红边幅值差异性指数值分别为 13.213%、30.070%、9.305%；②玉米的红边位置位于波长 736.073nm 处，在同一波长位置，马铃薯的高光谱一阶导数值为 0.634，马铃薯与玉米、大豆、水稻的红边幅值差异性指数值分别为 160.432%、33.440%、0.271%；③水稻的红边位置位于波长 712.225nm 处，在同一波长位置，马铃薯的高光谱一阶导数值为 1.164，马铃薯与玉米、大豆、水稻的红边幅值差异性指数值分别为 8.202%、37.688%、20.215%。综上可知，马铃薯与玉米高光谱红边幅值差异性指数的最大值位于波长 736.073nm 处，与大豆、水稻高光谱红边幅值差异性指数的最大值均位于波长 712.225nm 处，各种作物红边位置与高光谱原始曲线近红外差异性最大波段761.631nm不重叠。

表3-1 红边位置与幅值

	马铃薯	玉米	大豆	水稻
红边位置	712.9	736.073	712.9	712.225
红边幅值	1.250	1.651	1.626	1.399

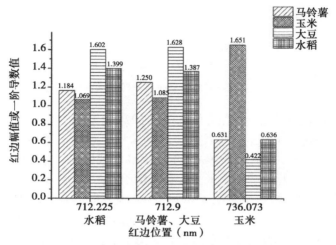

图3-4 4种作物红边位置一阶导数值对比图

（4）高光谱曲率差异性指数分析结果。由公式（3-3）计算可得4种作物曲率最大值（表3-2），结合不同作物的曲率对比信息（图3-5），然后根据公式（3-4）计算得出以下结论：①马铃薯的曲率最大值位于波长404.829nm处，曲率最大值为0.383；与玉米、大豆、水稻的高光谱曲率差异性指数值分别为12.226%、46.994%和34.175%。②玉米的曲率最大值位于波长405.209nm处，在同一波长位置，马铃薯的曲率值为0.299，马铃薯与玉米、大豆、水稻的高光谱曲率差异性指数值分别为19.334%、19.679%、19.018%。③大豆的曲率最大值位于波长751.711nm处，在同一波长位置，马铃薯的曲率值为0.291，马铃薯与玉米、大豆、水稻的高光谱曲率差异性指数值分别为5.394%、63.471%和22.948%。④水稻的曲率最大值位于波长752.043nm处，在同一波长位置，马铃薯的曲率值为0.249，马铃薯与玉米、大豆、水稻的高光谱曲率差异性指数值分别为78.365%、8.987%和80.882%。综上可知，马铃薯与玉米、水稻高光谱曲

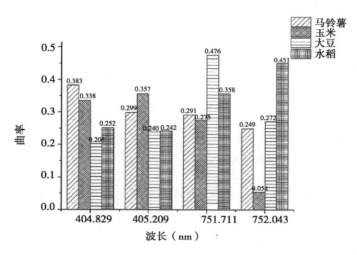

图 3-5 4 种作物曲率最大值所对应的波长值及在波长值点曲率值对比

率差异性指数最大值均位于波长 752.043nm 处,与大豆高光谱曲率差异性
指数最大值位于波长 751.711nm 处。

表 3-2 曲率最大值与对应波长位置

	马铃薯	玉米	大豆	水稻
曲率最大值	0.383	0.357	0.476	0.451
曲率最大值对应波长(nm)	404.829	405.209	751.711	752.043

(5)高光谱植被指数差异性指数分析结果。根据(1)结果,为保持
研究结果的连续性和一致性,在计算植被指数时,近红外、红光、蓝光的
具体波长值确定为 761.631nm、690.160nm、450.021nm。根据公式(3-
5)计算 4 种作物的 7 种高光谱植被指数差异性指数值,结果如表 3-3。
对于 7 种植被指数,在研究时点,玉米的高光谱植被指数差异性指数值最
高,大豆次之,水稻再次,马铃薯最低。将马铃薯与玉米的高光谱植被指
数差异性指数值由高到低排序,前 3 个指数分别是 RVI、MSRI、EVI;将
马铃薯与大豆的高光谱植被指数差异性指数值由高到低排序,前 3 个指数
分别是 RVI、EVI、MSRI;将马铃薯与水稻的高光谱植被指数差异性指数
值由高到低排序,前 3 个指数分别是 EVI、RVI、MSRI。马铃薯与玉米差
异性指数值远高于马铃薯与玉米、水稻的差异性指数值。对于马铃薯与玉
米、大豆、水稻的高光谱植被指数差异性指数值,较低的植被指数为

TVI、TDVI 和 IPVI。相比于 RVI、MSRI 和 EVI，NDVI 的差异性分析效果并不理想。

表 3-3　4 种作物植被指数值及相应的差异性指数值

	马铃薯	玉米	大豆	水稻	马铃薯与玉米差异指数值	马铃薯与大豆差异指数值	马铃薯与水稻差异指数值
归一化植被指数（$NDVI_{690.160,\ 761.631}$）	0.734	0.889	0.791	0.759	21.207%	7.764%	3.485%
比值植被指数（$RVI_{690.160,\ 761.631}$）	6.507	17.046	8.549	7.304	161.947%	31.371%	12.248%
改进的简单比值指数（$MSRI_{690.160,\ 761.631}$）	1.551	3.129	1.924	1.703	101.725%	24.042%	9.782%
近红外百分比植被指数（$IPVI_{690.160,\ 761.631}$）	0.867	0.945	0.895	0.880	8.974%	3.285%	1.475%
转换植被指数（$TVI_{690.160,\ 761.631}$）	1.111	1.179	1.136	1.122	6.119%	2.282%	1.031%
转换型差值植被指数（$TDVI_{690.160,\ 761.631}$）	1.271	1.413	1.326	1.296	11.122%	4.286%	1.947%
增强植被指数（$EVI_{450.021,\ 690.160,\ 761.631}$）	0.769	1.499	0.979	0.866	94.884%	27.281%	12.497%

3. 马铃薯与其他作物高光谱曲线特征差异性结果分析

目前，农作物高光谱曲线量化差异研究很少涉及茄科作物，尤其是马铃薯。本研究在马铃薯关键生长期——结薯期比较马铃薯与玉米、大豆、水稻的高光谱曲线特征差异，建立了高光谱反射率差异性指数、高光谱一阶导数差异性指数、高光谱红边幅值差异性指数、高光谱曲率差异性指数及高光谱植被指数差异性指数，旨在为马铃薯高光谱量化研究及马铃薯空间分布提取、长势监测、单产模拟及灾害监测与预警提供理论参考。作物高光谱一阶导数弥补了 SG 滤波高光谱曲线蓝色波段波长 450.021nm 位置无法明显区分马铃薯和水稻的缺陷，使得两种作物的差异性得以凸显；放大了绿色波段波长 550.362nm、近红外波段 761.631nm 处马铃薯与其他 3 种作物的光谱差异，一阶导数的运算同样放大了红色波段波长 690.160nm 处马铃薯与大豆、水稻的光谱差异。因此，在进行遥感影像作物分类时，如果选择 550nm 附近绿色波段、450nm 附近蓝色波段、761nm 附近近红外波段的一阶导数值作为输入信息，则可提高分类精度。只进行马铃薯与玉米分类时，由于 690nm 附近红色波段处两种作物高光谱一阶导数差异性指数值仅为 1.296%，因此不能采用 690nm 附近红色波段高光谱一阶导数值作为输入；只进行马铃薯与大豆分类时，由于 550nm 附近绿色波段处两种作物高光谱一阶导数差异性指数值较大（为 720.751%），因此可以采用 550nm 附近绿色波段高光谱一阶导数值作为输入信息；只进行马铃薯与水稻分类时，由于 450nm 附近蓝色波段处两种作物高光谱一阶导数差异性指数值较大（为 571.236%），因此可以采用 450nm 附近蓝色波段高光谱一阶导数值作为输入信息。以红边幅值作为特征值也可以作为作物遥感提取的输入信息。通过对比 4 种作物红边幅值及其对应波长位置，发现马铃薯与玉米差异性指数最大值为 160.432%，位于波长 736.073nm 处；与大豆和水稻红边幅值差异性指数最大值均位于波长 712.225nm 处，差异性指数值分别为 37.688%、20.215%。因此，在进行遥感影像作物分类时可选择 712nm、736nm 附近的红边幅值作为输入值，以此达到区分马铃薯与其他作物的目的。

　　图 3-6 展示了马铃薯与玉米、大豆、水稻的一阶导数差异性指数值和反射率差异性指数在不同波段的对比情况。其中，图 3-6（a~d）分别展示了马铃薯与玉米在红色、近红外、蓝色、绿色波段一阶导数差异性指数值和反射率差异性指数的对比情况：在红色波段 725~750nm 处，马铃薯与玉米的一阶导数差异性指数明显高于马铃薯与玉米的反射率差异性指数；在红色波段 685~720nm、绿色波段 503~545nm 处，马铃薯与玉米的一阶导数差异性指数小于马铃薯与玉米的反射率差异性指数。图 3-6（e~h）分别展示了马铃薯与大豆在红色、近红外、蓝色、绿色波段一阶导数差异性指数值和反射率差异性指数的对比情况：在红色波段 620~655nm、近红外波段、蓝色波段、绿色波段处，马铃薯与大豆的一阶导数差异性指数明显高于马铃薯与大豆的反射率差异性指数；在红色波段 705~730nm 处，马铃薯与大豆的一阶导数差异性指数小于与大豆的反射率差异性指数。图 3-6（i~l）分别展示了马铃薯与水稻在红色、近红外、蓝色、绿色波段一阶导数差异性指数值和反射率差异性指数的对比情况：在红色波段 630~665nm、近红外波段、蓝色波段、绿色波段 500~530nm 处，马铃薯与水稻的一阶导数差异性指数明显高于马铃薯与水稻的反射率差异性指数；在红色波段 705~730nm 处，马铃薯与水稻的一阶导数差异性指数小于马铃薯与水稻的反射率差异性指数。因此，在大规模识别马铃薯与大豆、水稻时，可将近红外波段、蓝色波段作物反射率的一阶导数作为输入值。

　　将不同指标进行横向比较后发现：马铃薯与玉米、大豆、水稻的差异

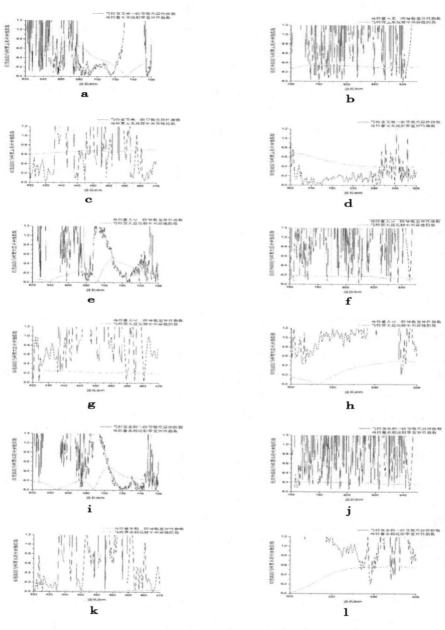

图 3-6　马铃薯与其他作物高光谱反射率差异
指数值与其一阶导数差异指数值对比

指数最大值均为近红外波段波长 761.631nm 处高光谱一阶导数差异性指数，其值分别为 4 140.670%、3 632.536%、3 519.378%。可见，高光谱一阶导数对于放大光谱差异起到了至关重要的作用；除高光谱一阶导数差异性指数外，对马铃薯与玉米进行分类时，玉米红边位置一阶导数差异率值和 RVI 植被指数差异率值皆超过 160%；对马铃薯与大豆进行分类时，大豆曲率最大值点所对应的波长作物曲率差异性指数效果最明显；而对马铃薯与水稻进行分类时，水稻曲率最大值所对应的波长作物曲率差异性指数效果最好。因此，在航空航天遥感识别不同作物时，如果搭载的传感器具有高光谱性能，则应首选近红外波段高光谱一阶导数进行分析，其次选取大豆和水稻曲率最大值点波段进行分析。

借助普通遥感器分辨马铃薯与其他作物时，植被指数和光谱波段反射率都可以作为输入信息。横向比较植被指数发现：RVI 是马铃薯与其他作物差异性最为显著的植被指数，其次为 EVI，再次为 MSRI（以排序值累加值为判断依据）。与光谱反射率比较，植被指数并没有在马铃薯与其他作物光谱差异分析中凸显优势。在区分马铃薯与玉米差异性时，应用 RVI 或 MSRI 或 EVI 的效果好于光谱反射率，而区分马铃薯与大豆及水稻差异性时则可选择绿色波段反射率，其效果好于植被指数；马铃薯与玉米的反射率值在蓝色波段 450.021nm 位置差异最显著。因此，在马铃薯与其他主要粮食作物空间分布分辨时，可考虑将 RVI、绿色波段和蓝色波段反射率作为输入信息，而将 MSRI 和 EVI 指数作为备选植被指数。

在马铃薯关键生长期（结薯期和块茎快速膨大期）进行 4 种作物高光谱曲线特征的差异性比较研究，具有一定的理论价值和实践意义。若以时间为纵轴，进行马铃薯全生育期不同生长阶段不同差异性指标的横向比较，无疑将会带来更加有意义的研究成果。

第三节　基于高光谱参数的马铃薯品种辨别方法

一、马铃薯高光谱特征参数法

1. 方法介绍

利用光谱仪采集不同马铃薯品种在块茎形成期、块茎膨大期和淀粉积累期的冠层反射光谱曲线。对其进行 Savitzky-Golay 滤波处理后，采用高光谱技术进行一阶求导处理。

SG 滤波处理方法同前。光谱微分技术是高光谱遥感数据最主要的分析技术之一。对光谱曲线进行微分或采用数学函数估算整个光谱上的斜率，由此得到的光谱曲线斜率称微分光谱，又叫导数光谱（李小平等，2015；卢肖平等，2015；BARANOWSKI P 等，2012；LI Jiang-bo 等，2012；RAJKUMAR P 等，2012）。本研究采用差分计算（即一阶导数光谱）计算光谱数据的微分，计算公式如下：

$$R'(\lambda_i) = \frac{R\lambda_{i+1} - R\lambda_{i-1}}{\lambda_{i+1} - \lambda_{i-1}} \qquad 式（3-6）$$

式中，R' 为反射率光谱的一阶导数光谱，R 为反射率，λ 为波长，i 为光谱通道。

甄选 5 类高光谱特征参数作为评价指标，对马铃薯不同品种及不同生育期的高光谱特征进行辨别分析。本研究把定量描述植被光谱特征的高光谱特征参数分为 5 类：位置参数、振幅参数、面积参数、宽度参数和反射率参数，详见表 3-4。

表 3-4　马铃薯高光谱特征参数

参数类		具体参数	说明
高光谱特征参数	位置参数	红边位置 REP	红边范围内（680~760nm）最大一阶微分值所对应的波长
		红谷位置 RTP	波长（650~690nm）范围内最小波段反射率值对应的波长
		黄边位置 YEP	黄边范围内（560~590nm）最大一阶微分值所对应的波长
		蓝边位置 BEP	蓝边范围内（490~530nm）最大一阶微分值所对应的波长
		绿峰位置 GPP	波长（510~560nm）范围内最大波段反射率值对应的波长
	振幅参数	红边振幅 D_r	红边范围内（680~760nm）最大一阶微分值
		黄边振幅 D_y	黄边范围内（560~590nm）最大一阶微分值
		蓝边振幅 D_b	蓝边范围内（490~530nm）最大一阶微分值
		最小振幅	波长（680~750nm）范围内最小一阶微分值

（续表）

	参数类	具体参数	说明
高光谱特征参数	面积参数	红边面积 SD_r	红边范围内（680~760nm）一阶微分值的总和
		黄边面积 SD_y	黄边范围内（560~590nm）一阶微分值的总和
		蓝边面积 SD_b	蓝边范围内（490~530nm）一阶微分值的总和
		绿峰面积 SD_g	波长（510~560nm）范围内一阶微分值的总和
	反射率参数	绿峰反射率 R_g	绿光波长（510~560nm）范围内最大的波段反射率
		红谷反射率 R_o	波长（650~690nm）范围内最小的波段反射率
		R_g/R_o	绿峰反射率（R_g）与红谷反射率（R_o）的比值
		$(R_g-R_o)/(R_g+R_o)$	绿峰反射率（R_g）与红谷反射率（R_o）的归一化值
	宽度参数	红边宽度	红边起点（即红谷位置）到红边位置的波段间隔
		黄边宽度	黄边起点（560nm）到黄边位置的波段间隔
		蓝边宽度	蓝边起点（490nm）到蓝边位置的波段间隔
		绿峰宽度	蓝边位置到黄边位置的波段间隔

注：后三类高光谱宽度参数为本方法在红边宽度的基础上所构建

本研究根据不同马铃薯品种间高光谱特征参数贡献率（contribution rate）的大小来评价其区分马铃薯品种的能力。对于高光谱位置和宽度参数，其贡献率的计算公式为：

$$CR(\%)=\frac{|EV_i-MV_i|}{100}\times 100 \qquad 式（3-7）$$

对于高光谱振幅、面积和反射率参数，其贡献率的计算公式为：

$$CR(\%)=\frac{|EV_i-MV_i|}{(EV_i+MV)}\times 100 \qquad 式（3-8）$$

其中，CR 表示贡献率，EV、MV 分别代表早熟品种费乌瑞它和中晚熟品种延薯 4 号，i 表示不同的高光谱特征参数值。

2. 研究结果

图 3-7 为 3 种马铃薯品种——延薯 4 号、吉薯 1 号和费乌瑞它的原始冠层反射光谱曲线，图 3-8 为经 S-G 滤波处理后的冠层反射光谱曲线。对比两图可知：S-G 滤波能够有效去除噪声，在蓝色波段、红色波段和近红外波段的平滑效果最为明显。

（1）不同品种同一生育期一阶导数曲线对比。图 3-9 为经 S-G 滤波处理后的 3 种马铃薯品种在同一生育期内的一阶导数光谱曲线。对比一阶

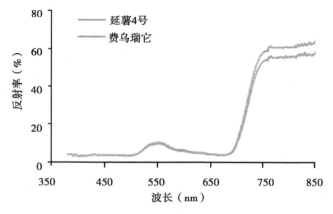

图 3-7　马铃薯的原始冠层反射光谱

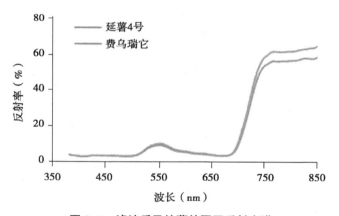

图 3-8　滤波后马铃薯的冠层反射光谱

导数曲线虽不能产生多余原始光谱的数据信息，但可以抑制或去除无关信息，突出感兴趣信息。从图 3-9 可知：导数光谱曲线可以准确确定光谱曲线的弯曲点、最大和最小反射率的波长位置等光谱特征，在不同生育期，中晚熟品种延薯 4 号和早熟品种费乌瑞它的一阶导数光谱曲线均表现出"两峰"和"两谷"的特征，分别对应马铃薯的蓝边、黄边、红谷和红边位置。由于品种之间的差异，其一阶导数值即蓝边幅值、黄边幅值、最小幅值和红边幅值的大小均不同。在块茎形成期，不同品种之间的差异均较小；在块茎膨大期，延薯 4 号的蓝边、黄边和红边幅值均小于费乌瑞它；

在淀粉积累期，延薯 4 号的红边幅值要明显小于费乌瑞它，蓝边和黄边幅值的差异有所减小。

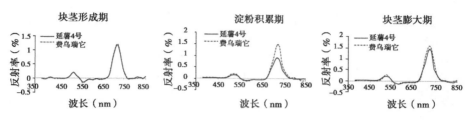

图 3-9　同一生育期不同马铃薯品种光谱一阶导数

（2）高光谱特征参数区分不同马铃薯品种的能力对比。从表 3-5 可知：不同马铃薯品种的高光谱位置参数在不同生育期表现出不同的差异特征。在块茎形成期，中晚熟品种延薯 4 号和早熟品种费乌瑞它的红谷位置和绿峰位置相同，其他位置参数差异较小；在块茎膨大期，黄边位置的差异明显，其他高光谱位置参数差异较小或不存在差异；在淀粉积累期，红谷位置相同，其他 4 个位置参数的差异均很小。在马铃薯的 3 个关键生育期，中晚熟品种延薯 4 号的红边位置和红谷位置均小于早熟品种费乌瑞它，黄边位置和蓝边位置均大于早熟品种费乌瑞它，绿峰位置没有表现出明显的规律。

表 3-5　高光谱位置参数的对比

	块茎形成期			块茎膨大期			淀粉积累期		
	延薯4号	费乌瑞它	贡献率	延薯4号	费乌瑞它	贡献率	延薯4号	费乌瑞它	贡献率
红边位置	719	720	1%	723	724	1%	720	723	3%
红谷位置	670	670	0%	670	674	4%	670	670	0%
黄边位置	569	568	1%	580	570	10%	582	581	1%
蓝边位置	523	521	2%	523	523	0%	523	520	3%
绿峰位置	551	551	0%	550	554	4%	552	551	1%
总和			4%			19%			8%

由高光谱位置参数在不同生育期的贡献率可知，高光谱位置参数在块茎膨大期区分马铃薯品种的能力最优，在块茎形成期最差。

表 3-6　高光谱宽度参数的对比

	块茎形成期			块茎膨大期			淀粉积累期		
	延薯4号	费乌瑞它	贡献率	延薯4号	费乌瑞它	贡献率	延薯4号	费乌瑞它	贡献率
红边宽度	49	50	1%	53	50	3%	50	53	3%
黄边宽度	9	8	1%	20	10	10%	22	21	1%
蓝边宽度	33	31	2%	33	33	0%	33	30	3%
绿峰宽度	46	47	1%	57	47	10%	59	61	2%
总和			5%			23%			9%

从表 3-6 可知：在块茎形成期，中晚熟品种延薯 4 号和早熟品种费乌瑞它的 4 个高光谱宽度参数之间的差异均很小；在块茎膨大期，两者的蓝边宽度相同，而中晚熟品种延薯 4 号的红边宽度、黄边宽度和绿峰宽度均明显大于早熟品种费乌瑞它；在淀粉积累期，不同品种之间的 4 个高光谱宽度参数之间的差异又有所减小。在马铃薯的 3 个关键生育期，中晚熟品种延薯 4 号的黄边宽度和蓝边宽度均大于早熟品种费乌瑞它；绿峰宽度和红边宽度没有特定的规律。

高光谱宽度参数在不同生育期的贡献率的变化趋势与高光谱位置参数相同，其在块茎膨大期的贡献率最大为 23%，即区分马铃薯品种的能力最优，而在块茎形成期的贡献率最小。

表 3-7　高光谱振幅参数的对比

	块茎形成期			块茎膨大期			淀粉积累期		
	延薯4号	费乌瑞它	贡献率	延薯4号	费乌瑞它	贡献率	延薯4号	费乌瑞它	贡献率
红边振幅	1.214	1.252	1.54%	1.464	1.703	7.55%	0.901	1.492	24.70%
黄边振幅	0.145	0.156	3.65%	0.137	0.202	19.17%	0.0872	0.126	18.20%
蓝边振幅	0.216	0.228	2.70%	0.202	0.206	0.98%	0.156	0.198	11.86%
最小振幅	0.0526	0.0455	7.24%	0.16	0.103	9.22%	0.146	0.165	6.11%
总和			15.13%			36.92%			60.87%

从表 3-7 可知：在马铃薯块茎形成期，中晚熟品种延薯 4 号和早熟品种费乌瑞它的红边振幅、黄边振幅和蓝边振幅的差异均较小，最小振幅的差异较大；在块茎膨大期，两者的黄边振幅差异最大，其次为最小振幅和红边振幅，蓝边振幅的差异最小；在淀粉积累期，差异由大到小的顺序为：红边振幅>黄边振幅>蓝边振幅>最小振幅。在马铃薯的 3 个关键生育

期，中晚熟品种延薯 4 号的红边振幅、黄边振幅和蓝边振幅均小于早熟品种费乌瑞它；中晚熟品种延薯 4 号的最小振幅在块茎形成期和块茎膨大期大于早熟品种费乌瑞它，在淀粉积累期则小于早熟品种费乌瑞它。

随着生育期的推进，高光谱振幅参数区分不同马铃薯品种的贡献率表现出明显的增大趋势，淀粉积累期的贡献率明显大于块茎形成期和块茎膨大期，即在淀粉积累期区分马铃薯的能力最优，其次为块茎膨大期，在块茎形成期的辨别能力最差。

表 3-8　高光谱面积参数的对比

	块茎形成期			块茎膨大期			淀粉积累期		
	延薯4号	费乌瑞它	贡献率	延薯4号	费乌瑞它	贡献率	延薯4号	费乌瑞它	贡献率
红边面积	121.99	128.11	2.52%	151.99	181.96	8.97%	102.35	155.09	20.49%
黄边面积	7.316	7.80	3.17%	8.50	11.67	15.72%	5.38	7.89	19.01%
蓝边面积	10.41	10.86	2.11%	14.88	16.45	5.02%	11.20	14.17	11.70%
绿峰面积	10.86	11.73	3.84%	14.11	18.75	14.13%	11.21	13.68	9.91%
总和			11.64%			43.84%			61.11%

从表 3-8 可知：在块茎形成期，不同马铃薯品种的 4 个高光谱面积参数的差异均较小；在块茎膨大期，4 个面积参数的差异均明显增大，黄边面积和绿峰面积的差异最大；在淀粉积累期，红边面积和黄边面积的差异最大，而蓝边面积和绿峰面积的差异有所减小。

在马铃薯的 3 个关键生育期，中晚熟品种延薯 4 号的 4 个高光谱面积参数均小于早熟品种费乌瑞它，同时面积参数的贡献率也随着生育期的推进明显增大，表现出与振幅参数相同的规律，即在淀粉积累期区分不同马铃薯品种的能力最优，在块茎形成期的辨别能力最差。

表 3-9　高光谱反射率参数的对比

	块茎形成期			块茎膨大期			淀粉积累期		
	延薯4号	费乌瑞它	贡献率	延薯4号	费乌瑞它	贡献率	延薯4号	费乌瑞它	贡献率
绿峰反射率 R_g	9.522	9.362	0.85%	13.039	13.592	2.08%	10.604	12.704	9.01%
红谷反射率 R_o	3.779	3.197	8.34%	3.727	3.085	9.42%	4.065	4.072	0.10%
R_g/R_o	2.527	2.928	7.35%	3.407	4.406	12.79%	2.609	3.12	8.92%

（续表）

	块茎形成期			块茎膨大期			淀粉积累期		
	延薯4号	费乌瑞它	贡献率	延薯4号	费乌瑞它	贡献率	延薯4号	费乌瑞它	贡献率
$(R_g - R_o)/(R_g + R_o)$	0.432	0.491	6.39%	0.546	0.63	7.14%	0.446	0.515	7.18%
总和			22.93%			31.43%			25.21%

从表3-9可知：对于不同马铃薯品种的高光谱反射率参数而言，在块茎形成期，中晚熟品种延薯4号和早熟品种费乌瑞它的绿峰反射率差异最小，红谷反射率的差异最大；块茎膨大期与块茎形成期情况类似，不同马铃薯品种的绿峰反射率差异最小，R_g/R_o 的差异最大；淀粉积累期则不同于块茎形成期和块茎膨大期，差异最小的是红谷反射率，差异最大的绿峰反射率。在马铃薯的3个关键生育期内，中晚熟品种延薯4号的绿峰反射率 R_g 和红谷反射率 R_o 与早熟品种费乌瑞它相比虽无明显规律，但中晚熟品种延薯4号的比值 R_g/R_o 和归一化值 $(R_g - R_o)/(R_g + R_o)$ 均小于早熟品种费乌瑞它。

高光谱反射率参数区分不同马铃薯品种的贡献率表现出先增大后减小的趋势，即利用高光谱反射率参数在块茎膨大期区分马铃薯品种的能力最优，其次为淀粉积累期，在块茎形成期的能力最差。

表3-10 高光谱特征参数的对比

贡献率	块茎形成期	块茎膨大期	淀粉积累期	总和
位置参数	4.00%	19.00%	8.00%	31.00%
宽度参数	5.00%	23.00%	9.00%	37.00%
振幅参数	15.13%	36.92%	60.87%	112.92%
面积参数	11.64%	43.84%	61.11%	116.59%
反射率参数	22.93%	31.43%	25.21%	79.57%

表3-10表明：5类高光谱特征参数在不同生育期区分不同马铃薯品种的优劣能力存在差异。根据不同高光谱特征参数的贡献率大小，在块茎形成期，不同高光谱特征参数区分马铃薯品种的能力从强到弱依次为：反射率参数>振幅参数>面积参数>宽度参数>位置参数；在块茎膨大期和淀粉积累期，不同高光谱特征参数区分不同马铃薯品种的贡献率大小顺序相

同，鉴别能力从强到弱依次为：面积参数>振幅参数>反射率参数>宽度参数>位置参数；在马铃薯的 3 个关键生育期，高光谱特征参数区分不同马铃薯品种的综合能力从强到弱依次为：面积参数>振幅参数>反射率参数>宽度参数>位置参数。

本研究以高光谱位置参数、宽度参数、振幅参数、面积参数和反射率为评价指标，分析了 5 类高光谱特征参数区分不同马铃薯品种的能力，结果表明：①高光谱位置参数、宽度参数和反射率参数最适合在块茎膨大期区分不同的马铃薯品种，高光谱振幅参数和面积参数最适合在淀粉积累期区分不同的马铃薯品种，5 类高光谱特征参数在块茎形成期均不适合区分不同品种的马铃薯；②在块茎形成期，高光谱反射率参数区分马铃薯品种的能力最强，在块茎膨大期和淀粉积累期，高光谱面积参数区分马铃薯品种的能力最强，在 3 个关键生育期，均是高光谱位置参数的区分能力最弱，综合能力从强到弱依次为：面积参数>振幅参数>反射率参数>宽度参数>位置参数。

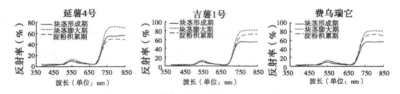

图 3-10 马铃薯关键生育期的冠层反射光谱曲线对比

（3）不同马铃薯品种关键生育期高光谱特征参数分析。

① 同一品种不同生育期反射光谱曲线对比。随着生育时期的推进，不同品种的马铃薯反射光谱曲线变化趋势大致相同。但同一品种不同生育期的反射光谱曲线在可见光蓝色、绿色、红色和近红外波段存在较大差异。在块茎形成期，中晚熟品种延薯 4 号和早熟品种吉薯 1 号、费乌瑞它在蓝色波段和红谷波段的反射率都要大于块茎膨大期和淀粉积累期，在绿峰波段的反射率则小于块茎膨大期和淀粉积累期。在近红外波段，3 个马铃薯品种的反射率随着生育时期的推进，均出现先增大后减小的变化特征，块茎膨大期的反射率最大，中晚熟品种延薯 4 号在块茎形成期的反射率要大于淀粉积累期，而早熟品种在块茎形成期的反射率则小于淀粉积累期。

② 同一品种不同生育期一阶导数曲线对比。图 3-11 为经 S-G 滤波处理后马铃薯冠层光谱反射曲线的一阶导数光谱曲线，导数光谱曲线能够突出原始光谱曲线的高光谱特征信息。不同马铃薯品种在不同生育期的一阶

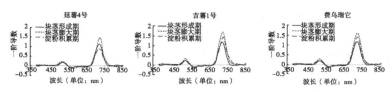

图3-11 马铃薯关键生育期的一阶导数光谱曲线对比

导数光谱曲线在可见光范围内均表现出"两峰"和"两谷"的特征，分别对应马铃薯的蓝边、黄边、红谷和红边位置。由于品种之间的差异，一阶导数值即蓝边幅值、黄边幅值、最小幅值和红边幅值的大小不同。中晚熟品种延薯4号在不同生育期的红边振幅差异较大，蓝边幅值、黄边幅值、最小幅值的差异均较小；早熟品种在不同生育期的红边幅值、蓝边幅值和黄边幅值的差异均较大，最小幅值的差异不明显。

③不同马铃薯品种关键生育期高光谱位置参数对比分析。从表3-11可知：随着生育期的推进，不同马铃薯品种的高光谱位置参数的变化特征既表现出相同点，也存在差异。相同点包括：3个不同马铃薯品种从块茎形成期到块茎膨大期再到淀粉积累期，其红边位置先向长波方向移动，即红边位置发生"红移"，再向短波方向移动，即红边位置发生"蓝移"；而3个马铃薯品种的黄边位置随着生育期的推进持续向长波方向移动，即黄边位置发生"红移"；异同点表现在红谷位置和绿峰位置。中晚熟品种延薯4号的红谷位置在整个关键生育期保持不变，而早熟品种吉薯1号和费乌瑞它的红谷位置先发生"红移"，后发生"蓝移"；中晚熟品种延薯4号的绿峰位置先向短波方向移动，后向长波方向移动，而早熟品种绿峰位置的变化趋势则正好相反，即先向长波方向移动，再向短波方向移动。对于3个马铃薯品种而言，蓝边位置并没有表现出明显的规律。在同一生育时期，中晚熟品种延薯4号的红边位置与早熟品种的红边位置相比，中晚熟品种的红边位置要略小于早熟品种，而中晚熟品种的黄边位置则略大于早熟品种的黄边位置。

表3-11 3个马铃薯品种关键生育期高光谱位置参数对比

品种名称	高光谱位置	块茎形成期	块茎膨大期	淀粉积累期
	红边位置	719	723	720
	红谷位置	670	670	670
延薯4号	黄边位置	569	580	582
	蓝边位置	523	523	523
	绿峰位置	551	550	552

（续表）

品种名称	高光谱位置	块茎形成期	块茎膨大期	淀粉积累期
吉薯1号	红边位置	719	724	723
	红谷位置	669	674	671
	黄边位置	568	572	581
	蓝边位置	521	523	523
	绿峰位置	551	552	551
费乌瑞它	红边位置	720	724	723
	红谷位置	670	674	670
	黄边位置	568	570	581
	蓝边位置	521	523	520
	绿峰位置	551	554	551

④不同马铃薯品种关键生育期高光谱振幅参数对比分析。从表3-12可知：随着生育期的推进，不同马铃薯品种的振幅参数同样表现出相同点和不同点。高光谱振幅参数相同的变化特征是：其红边振幅随着生育期的推进，表现出先增大后减小的变化趋势；不同点则表现在黄边振幅和蓝边振幅方面。中晚熟品种延薯4号的黄边振幅和蓝边振幅随着生育期的推进均持续减小，而早熟品种吉薯1号和费乌瑞它的黄边振幅和蓝边振幅均是先增大，后减小。不同马铃薯品种的最小振幅随着生育期的变化没有特定规律。不同马铃薯品种在同一生育时期，中晚熟品种的红边振幅均明显小于早熟品种的红边振幅，红边振幅的最大值均在块茎膨大期，但中晚熟品种的红边振幅在淀粉积累期达到最小，而早熟品种的红边振幅的最小值则出现在块茎形成期。

表3-12　3个马铃薯品种关键生育期高光谱振幅参数对比

延薯4号	块茎形成期	块茎膨大期	淀粉积累期
位置参数	4.00%	19.00%	8.00%	31.00%
宽度参数	5.00%	23.00%	9.00%	37.00%
振幅参数	15.13%	36.92%	60.87%	112.92%
面积参数	11.64%	43.84%	61.11%	116.59%
反射率参数	22.93%	31.43%	25.21%	79.57%

⑤不同马铃薯品种关键生育期高光谱面积参数对比分析。从表3-13可知：不同马铃薯品种的高光谱面积参数的变化趋势随着生育期的推进表现出相同且一致的规律。3个马铃薯品种的4个高光谱面积参数随着生育时期的推进均表现出先增大后减小的趋势；同时不同马铃薯品种在同一生育期，中晚熟品种的4个高光谱面积参数值均要小于早熟品种的面积参数值。3个马铃薯品种的4个高光谱面积参数值均在块茎膨大期达到最大，但中晚熟品种延薯4号的红边面积和黄边面积在淀粉积累期最小，而早熟品种费乌瑞它的红边面积和黄边面积在块茎形成期最小；中晚熟品种延薯4号的蓝边面积和绿峰面积在块茎形成期最小，而早熟品种吉薯1号的蓝边面积和绿峰面积在淀粉积累期最小。

表3-13 3个马铃薯品种关键生育期高光谱面积参数对比

品种名称	高光谱面积	块茎形成期	块茎膨大期	淀粉积累期
延薯4号	红边面积	121.986	151.985	102.348
	黄边面积	7.3156	8.498	5.375
	蓝边面积	10.407	14.876	11.202
	绿峰面积	10.864	14.106	11.211
吉薯1号	红边面积	123.878	180.014 01	147.598
	黄边面积	8.318	12.213	7.352
	蓝边面积	11.656	16.65	11.625
	绿峰面积	12.525	18.659	11.468
费乌瑞它	红边面积	128.111	181.955	155.094
	黄边面积	7.795	11.667	7.889
	蓝边面积	10.855	16.449	14.17
	绿峰面积	11.731	18.747	13.677

⑥不同马铃薯品种关键生育期高光谱反射率参数对比分析。从表3-14可以看出：不同马铃薯品种的高光谱反射率参数在不同生育时期同样表现出明显且一致的变化规律。绿峰反射率 R_g，绿峰反射率和红谷反射率的比值 R_g/R_o，绿峰反射率和红谷反射率的归一化比值 $(R_g - R_o)/(R_g + R_o)$ 均随着生育期的推进而呈现出先增大后减小的趋势；而红谷反射率 R_o 则是先减小后增大。块茎膨大期是马铃薯生长最为旺盛的时期，马铃薯生长越旺盛，绿峰反射率越高，而红谷反射率则越低。这与研究结果中绿峰反射率和红谷

反射率的变化特征是一致的。3个马铃薯品种的绿峰反射率 R_g、绿峰反射率和红谷反射率的比值 R_g/R_o 和绿峰反射率和红谷反射率的归一化比值 $(R_g - R_o)/(R_g + R_o)$ 均在块茎膨大期取得最大值，在块茎形成期取得最小值。中晚熟品种延薯4号的红谷反射率 R_o 的最小值出现在块茎形成期，而早熟品种吉薯1号的红谷反射率 R_o 的最小值则出现在淀粉积累期。这表明不同马铃薯品种在不同生育时期的长势存在差异。

表 3-14　3个马铃薯品种关键生育期高光谱反射率参数对比

品种名称	高光谱面积	块茎形成期	块茎膨大期	淀粉积累期
延薯4号	绿峰反射率 R_g	9.522	13.039	10.604
	红谷反射率 R_o	3.779	3.727	4.065
	R_g/R_o	2.52	3.407	2.609
	$(R_g - R_o)/(R_g + R_o)$	0.432	0.546	0.446
吉薯1号	绿峰反射率 R_g	5.062	13.552	10.247
	红谷反射率 R_o	3.351	2.398	2.613
	R_g/R_o	1.511	5.651	3.922
	$(R_g - R_o)/(R_g + R_o)$	0.203	0.699	0.594
费乌瑞它	绿峰反射率 R_g	9.362	13.592	12.704
	红谷反射率 R_o	3.197	3.085	4.072
	R_g/R_o	2.928	4.406	3.12
	$(R_g - R_o)/(R_g + R_o)$	0.491	0.63	0.515

⑦ 不同马铃薯品种关键生育期高光谱宽度参数对比分析。从表3-15可知：随着生育时期的推进，3个马铃薯品种的黄边宽度和绿峰宽度表现出一致的规律：2个高光谱宽度参数值均持续增大。其中，中晚熟品种延薯4号的黄边宽度和绿峰宽度从块茎形成期到块茎膨大期的增幅较大，而从块茎膨大期到淀粉积累期的增幅较小；早熟品种的黄边位置和绿峰位置从块茎形成期到块茎膨大期的增幅较小，而从块茎膨大期到淀粉积累期的增幅较大。

中晚熟品种延薯4号的红边宽度随着生育期的推进也表现出持续增大的特征，但增幅均较小；而早熟品种的红边宽度从块茎形成期到块茎膨大期保持不变，从块茎膨大期到淀粉积累期出现增大的情况，但增幅同样较小。中晚熟品种延薯4号的蓝边宽度保持不变，早熟品种的蓝边宽度变现出先增大后减小的特征。在块茎膨大期，中晚熟品种的黄边宽度和绿峰宽度要明显大于早熟品种。

表 3-15　3 个马铃薯品种关键生育期高光谱宽度参数对比

品种名称	高光谱宽度	块茎形成期	块茎膨大期	淀粉积累期
延薯 4 号	红边宽度	49	50	53
	黄边宽度	9	20	22
	蓝边宽度	33	33	33
	绿峰宽度	46	57	59
吉薯 1 号	红边宽度	50	50	52
	黄边宽度	8	12	21
	蓝边宽度	31	33	33
	绿峰宽度	47	49	58
费乌瑞它	红边宽度	50	50	53
	黄边宽度	8	10	21
	蓝边宽度	31	33	30
	绿峰宽度	47	47	61

3. 马铃薯高光谱特征参数法结果分析

高光谱数据具有快速、无损、动态监测农作物生理生化指标的优势（浦瑞良等，2000）。本研究借助高光谱微分数据，以 21 个高光谱特征参数为研究指标，准确分析了马铃薯在不同生育时期的生长状态。结果表明：不同马铃薯品种之间，红边振幅、红边和黄边位置、红边、黄边和绿峰宽度、4 个高光谱面积参数和 4 个高光谱反射率参数，累计 14 个高光谱特征参数的变化特征随着生育时期的推进表现出明显且一致的规律；蓝边宽度、红谷位置和绿峰位置、黄边振幅和蓝边振幅，累计 5 个高光谱特征参数的变化特征因马铃薯品种不同而存在差异。共性高光谱特征参数的变化特征可为监测马铃薯的长势提供理论依据，不同品种间的差异性高光谱特征参数的变化特征可为区分不同马铃薯品种提供理论支撑。

由于早熟马铃薯品种的生育期要明显短于中晚熟品种，因此在光谱数据采集过程中，不同品种处于同一关键生育期时存在时间差，采集的光谱数据无法实现光热水汽等条件的一致。本研究的目的在于初步探索以高光谱特征参数为评价指标来分析马铃薯不同生育时期的生长状况，但由于光热水汽及研究区域等环境因素的不同对研究结果造成的影响无从知晓，须进一步做相关研究进行分析。

本研究仅选用了马铃薯早熟和中晚熟品种为研究对象，系统分析了早熟和中晚熟马铃薯品种的高光谱特征参数的变化特征，但由于缺乏与晚熟品种的对比，因此研究结果没有对全部马铃薯品种进行系统的全面对比，故进一步对比分析早、中、晚熟不同马铃薯品种的高光谱特征参数的变化特征非常必要。本研究选用的 21 个高光谱参数中仅有蓝边位置和最小振幅 2 个参数没有规律可循，其原因仍须进一步探讨。

二、连续统去除法

1. 方法介绍

（1）连续统去除法。目前，连续统去除法主要应用于矿物高光谱分析及作物养分估算（李粉玲等，2017）。本研究拟将连续统去除法应用于植物冠层光谱研究，由于该方法能有效去除光谱信息噪声，消除叶肉结构参数的影响，凸显地物的吸收特征（彭杰等，2014），因此本研究应用连续统去除法研究不同马铃薯品种的光谱差异具有一定的理论依据。此外，有关马铃薯不同生育期的光谱研究还少见报道，鉴于此，本研究以马铃薯结薯期和块茎膨大期等关键生育期的冠层光谱反射率数据为基础，应用连续统去除法得到连续统去除光谱并提取 6 个特征参数，最后构建了 3 类共 8 种差异性指数，定量分析了不同马铃薯品种的光谱差异性，旨在为马铃薯品种鉴定、马铃薯与其他作物的区分、马铃薯空间分布提取、马铃薯病虫害监测、马铃薯受各种胁迫的影响以及各种作物识别研究等研究提供理论和技术支持，同时也为作物高光谱相关研究提供新思路。

连续统去除法（韩兆迎等，2016）又称包络线去除法，是由 Roush 和 Clark 最早提出的一种对原始光谱曲线归一化处理的方法，广泛应用于矿质和岩石光谱分析中。"连续统"定义为逐点直线连接随波长变化的吸收或反射凸出的峰值点，并使折线在峰值点上的外角大于 180°。逐点连接线称为包络线，连续统去除法就是用实际光谱反射率值去除包络线上相应波段反射率值。该方法使得经变换后的反射率值在 0~1 之间，峰值点上的相对反射率均为 1，其他点相对反射率均小于 1，这一变换可以突出显示光谱的吸收和反射。计算公式为：

$$S_{cr} = R/R_c \qquad\qquad 式（3-9）$$

式中，S_{cr} 为连续统去除光谱反射率，R 为原始光谱反射率，R_c 为连续统线反射率。

应用 ENVI 软件，对滤波处理后的光谱数据进行连续统去除光谱信息的提取。根据连续统去除光谱数据提取 6 类特征参数并进行比较分析。连续统去除光谱的 6 类特征参数分别为：①最大吸收深度 D_h：吸收峰的最大吸收值；②总面积 S：起始和终止波长内的波段深度的积分；③左面积 S_l：总面积中最大吸收深度以左的面积；④右面积 S_r：总面积中最大吸收深度以右的面积；⑤对称度 V：左面积与右面积的比值；⑥面积归一化最大吸收深度 W：最大吸收深度与总面积的比值。

（2）差异性指数构建。为定量分析不同品种马铃薯光谱数据特征在同一测量日期某一特定波长的差异，建立了马铃薯光谱数据不同的差异性指数（Difference index，DI），包括反射率差异性指数、一阶导数差异性指数、连续统去除光谱特征参数差异性指数。计算公式为：

$$DI_{jk} = \frac{|A_{ij} - B_{ik}|}{A_{ij}} \qquad \text{式（3-10）}$$

式中，DI_{jk} 为两个不同马铃薯品种在波长为 i 时的光谱数据差异性指数，A_{ij} 和 B_{ik} 分别为两个不同马铃薯品种在波长为 i 时的光谱反射率值（或反射率一阶导数值、连续统去除光谱特征参数值）。j 和 k 代表不同马铃薯品种，在本研究中分别指费乌瑞它和延薯 4 号。

2. 研究结果

（1）滤波光谱与连续统去除光谱特征性分析。原始马铃薯冠层光谱反射率数据经过 Savitzky-Golay 平滑滤波处理后得到滤波光谱反射率数据，再应用 ENVI 软件得到连续统去除光谱反射率数据，本研究选取的马铃薯关键生长期为结薯期和块茎膨大期，并以这两个时期的早中期（6 月 24 日和 7 月 6 日）和中晚期（7 月 24 日和 8 月 16 日）为时间节点对早熟品种费乌瑞它（FWRT）和中晚熟品种延薯 4 号（YS4）的光谱差异性进行分析，光谱曲线对比结果如图 3-12 和图 3-13 所示。由图 3-12 可以看出，结薯期光谱反射率差异在可见光——近红外平台（750~850nm）处差异最为明显；在块茎膨大期，此波段范围光谱反射率随着时间变化呈现出逐渐增长的趋势，7 月 6 日和 7 月 24 日两个品种光谱在绿色波峰（550 nm）附近的差异也比较明显，其他波段的差异则难以直接辨别。由图 3-12 可以看出，叶绿素强烈吸收蓝光（450 nm）和红光（600 nm）形成的两个吸收谷，在连续统去除光谱（380~850 nm）上形成"双谷"结构，在 550 nm 附近形成的波峰比滤波光谱"绿峰"更高。整体看来，虽然连续统去除光谱在滤波光谱的基础上有了明显的变化，但是品种之间的差异仍然难以通过直接观察得到，本研究利用两个吸收谷中较为强烈的一个为突破口做进一步探索。

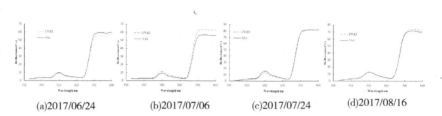

(a)2017/06/24　　(b)2017/07/06　　(c)2017/07/24　　(d)2017/08/16

图 3-12　不同马铃薯品种滤波光谱曲线

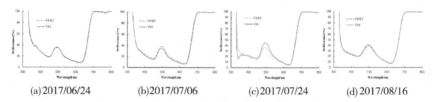

(a)2017/06/24　　(b)2017/07/06　　(c)2017/07/24　　(d) 2017/08/16

图 3-13　不同马铃薯品种连续统去除光谱曲线

（2）基于连续统去除法的特征参数分析。对连续统去除光谱的 6 个特征参数进行提取，结果如表 3-16 所示：对于最大吸收深度值，同一个马铃薯品种在不同时间存在较为明显的差异，两个品种均表现为随时间先增后减的趋势，同一时间的不同品种之间差别不大；对于总面积，左面积和右面积值，同一个马铃薯品种不同时间值和同一时间不同品种值的差异都很大，两个品种均表现为随时间先减后增的趋势，在 6 月 24 日和 7 月 24 日，延薯 4 号总面积值高于费乌瑞它，在 7 月 6 日和 8 月 16 日，费乌瑞它总面积值高于延薯 4 号，并且右面积和总面积规律一致，而在 6 月 24 日和 7 月 6 日，费乌瑞它左面积值高于延薯 4 号，在 7 月 24 日和 8 月 16 日，延薯 4 号左面积值高于费乌瑞它；对于对称度值，同一个马铃薯品种不同时间值和同一时间不同品种值的差异都不明显；对于面积归一化最大吸收深度值，同一个马铃薯品种不同时间值和同一时间不同品种值的差异都很小。

表 3-16　不同马铃薯品种连续统去除光谱特征参数

特征参数	2017/06/24		2017/07/06		2017/07/24		2017/08/16	
	FWRT	YS4	FWRT	YS4	FWRT	YS4	FWRT	YS4
最大吸收深度	0.9142	0.9176	0.9303	0.9397	0.9504	0.9498	0.9240	0.9271

（续表）

特征参数	2017/06/24		2017/07/06		2017/07/24		2017/08/16	
	FWRT	YS4	FWRT	YS4	FWRT	YS4	FWRT	YS4
总面积	68.6841	77.6053	64.9204	60.0558	61.1318	65.5922	75.7283	75.3809
左面积	23.1719	22.3588	22.4434	19.3791	21.1844	25.3900	25.7215	26.2098
右面积	45.5122	55.2465	42.4770	40.6767	35.4103	40.2022	50.0068	49.1711
对称度	0.5091	0.4047	0.5284	0.4764	0.5983	0.6316	0.5144	0.5330
面积归一化最大吸收深度	0.0133	0.0118	0.0143	0.0156	0.0155	0.0145	0.0122	0.0123

（3）关键生育期不同马铃薯品种光谱差异性分析。

①光谱反射率差异性分析。为了描述不同马铃薯品种的光谱差异性，根据公式（3-10）计算得到不同马铃薯品种的反射率差异性指数。经过光谱曲线的比较，我们发现光谱曲线差异最大的地方一般位于波峰、波谷以及近红外平台等位置，因此，本研究研究"绿峰"550 nm，"红谷"670 nm以及可见光——近红外平台760 nm附近的波段，计算的不同马铃薯品种光谱反射率差异性指数结果见表3-17。由表3-17可以看出：滤波光谱反射率差异性指数值最高出现在8月16日波长671.24 nm处，最大值为0.061，在6月24日波长759.74 nm处也比较接近，反射率差异性指数值为0.06；连续统去除光谱反射率差异性指数值最高出现在8月16日波长671.24 nm处，最大值为0.041。总体而言，滤波光谱反射率差异性指数值和连续统去除光谱反射率差异性指数值均偏小，这两个差异性指数不能很好地描述不同马铃薯品种的光谱差异性，但滤波光谱和连续统去除光谱反射率差异性最大的波长位置和时间都相同，均处于8月16日波长671.24 nm处。

表3-17　不同马铃薯品种反射率差异性指数

光谱类型	2017/06/24			2017/07/06			2017/07/24			2017/08/16		
	544.87 nm	673.55 nm	759.74 nm	546.57 nm	672.62 nm	756.13 nm	546.91 nm	675.79 nm	757.26 nm	545.20 nm	671.24 nm	764.08 nm
滤波光谱	0.036	0.029	0.060	0.186	0.225	0.103	0.203	0.003	0.008	0.026	0.061	0.020
连续统去除光谱	0.017	0.037	0.005	0.093	0.136	0.000	0.226	0.014	0.000	0.047	0.041	0.000

②光谱反射率一阶导数差异性分析。对光谱数据求取一阶导数是分析

光谱数据时最常用的方法之一，一阶导数光谱在一定程度上可以放大不同作物光谱曲线的差异，因此，本研究试图通过计算不同马铃薯品种滤波光谱反射率数据和连续统去除光谱反射率数据的一阶导数来分析其光谱差异，根据公式（3-10）计算不同时间马铃薯光谱反射率的一阶导数差异性指数，结果如表3-18所示。结果表明：总体而言，相比反射率差异性指数值，滤波光谱和连续统去除光谱的一阶导数差异性指数值有明显提高；滤波光谱一阶导数差异性指数最大值出现在6月24日波长673.55 nm处，最大值为0.977，连续统去除光谱一阶导数差异性指数最大值出现在6月24日波长759.74 nm处，最大值为47.87，在7月24日波长546.91 nm和675.79 nm处一阶导数差异性指数值也比较大，分别为18.223和19.254，滤波光谱和连续统去除光谱一阶导数差异性指数最大值值均处于6月24日；整体看来，与滤波光谱一阶导数差异性指数相比，连续统去除光谱一阶导数差异性指数明显放大了不同马铃薯品种之间的差异，可以很好地描述不同马铃薯品种之间的光谱差异性。

表 3-18　不同马铃薯品种一阶导数差异性指数

光谱类型	2017/06/24			2017/07/06			2017/07/24			2017/08/16		
	544.87 nm	673.55 nm	759.74 nm	546.57 nm	672.62 nm	756.13 nm	546.91 nm	675.79 nm	757.26 nm	545.20 nm	671.24 nm	764.08 nm
滤波光谱	0.126	0.977	0.971	0.115	0.076	0.172	0.187	0.560	0.160	0.033	0.137	0.033
连续统去除光谱	1.711	9.449	47.870	2.679	2.571	0.012	18.223	19.254	1.000	0.426	0.444	1.000

③连续统去除光谱特征参数差异性分析。为定量描述利用连续统去除光谱提取的6个特征参数在分析不同马铃薯品种差异性中的作用，根据公式（3-10）分别计算得到最大吸收深度差异性指数、总面积差异性指数、左面积差异性指数、右面积差异性指数、对称度差异性指数和归一化差异性指数，结果如表3-19所示。结果表明：不同时间最大吸收深度差异性指数值均比较小，最大值仅为0.01，在相同时间不同马铃薯品种差异性分析中的作用不大；总面积差异性指数值、右面积差异性指数值、对称度差异性指数值和归一化差异性指数值均在6月24日最大，分别为0.13、0.214、0.205和0.113，左面积差异性指数值在7月24日最大，为0.199，除最大吸收深度差异性指数外，其他5个特征参数差异性指数均可以很好地描述两个不同马铃薯品种在同一时间的光谱差异性。

表 3-19　不同马铃薯品种连续统去除特征参数差异性指数

特征参数差异性指数	2017/06/24	2017/07/06	2017/07/24	2017/08/16
最大吸收深度差异性指数	0.004	0.010	0.001	0.003
总面积差异性指数	0.130	0.075	0.073	0.005
左面积差异性指数	0.035	0.137	0.199	0.019
右面积差异性指数	0.214	0.042	0.135	0.017
对称度差异性指数	0.205	0.098	0.056	0.036
归一化差异性指数	0.113	0.091	0.065	0.008

3. 连续统去除法结果分析

光谱差异的比较一般通过反射率曲线、红边参数、一阶微分变换（钱育蓉等，2013；任哲，2015）等进行分析，本研究利用连续统去除法，在对滤波光谱反射率及其一阶微分光谱分析同时，还对连续统去除光谱反射率及其一阶导数光谱进行分析，并构建了 3 类 8 种差异性指数来定量衡量不同马铃薯品种的光谱差异性，定量地描述了早熟马铃薯品种费乌瑞它和中晚熟品种延薯 4 号的光谱差异性。其中，反射率差异性指数和一阶导数差异性指数以"绿峰"550 nm、"红谷"670 nm 及可见光——近红外平台 760 nm 附近的波段分别进行构建。连续统去除光谱可以将冠层光谱映射到局部连续统线上，归一化处理可以使得局部吸收特征之间的差异放大，本研究对光谱曲线全观测波段最强烈的吸收谷进行特征参数提取，相比滤波光谱反射率差异性指数，连续统去除光谱一阶导数差异性指数、总面积差异性指数、左面积差异性指数、右面积差异性指数、对称度结果表明：①反射率差异性指数不能很好地描述不同马铃薯品种的光谱差异性，但滤波光谱和连续统去除光谱反射率差异性最大的波长位置和时间都相同，均处于 8 月 16 日波长 671.24 nm 处；最大吸收深度差异性指数值最大仅为 0.01，也无法很好地描述不同马铃薯品种的光谱差异性；②对滤波光谱进行一阶微分处理后，其一阶导数差异性指数值在 6 月 24 日波长 673.55 nm 处最大达到 0.977，相比反射率差异性指数已经有了明显的提高；连续统去除光谱一阶导数差异性指数在 6 月 24 日波长 759.74 nm 处最大可达 47.87，在不同马铃薯品种光谱差异性分析中作用最为明显；总面积差异性指数值、右面积差异性指数值、对称度差异性指数值和归一化差异性指数值均在 6 月 24 日最大，分别为 0.13、0.214、0.205 和 0.113，左面积差异性指数值在 7 月 24 日最大，为 0.199；③在能很好地描述不同马铃薯品种光谱差异性的 6 个差异性指数中,除左面积差异性指数外,一阶导数差异性指数、总面积差异性指数、右面积差异性指数、对称度差异性指数和归一化差异性指数均表明两个不同马铃薯品种光谱差异性最大的时间为 6 月 24 日,由此可以推测两个不同马铃薯品种光谱差异最大的时期处于早熟品种费乌瑞它结薯期的中晚期,中晚熟品种延薯 4 号结薯期的初期。

三、马氏距离方法

1. 方法介绍

通过大田试验获取 3 种马铃薯在其关键生育期内的高光谱数据,借助微分及包络线去除等预处理方法,以及马氏距离选取特征波段,利用逐步判别分析法分析不同预处理方法下的马铃薯品种识别精度。

采用包络线去除与微分进行数据变换。包络线去除法可以有效突出光谱曲线的吸收和反射特征,并将反射率归一化为 0 ~ 10,将光谱的吸收特征归一化到一致的光谱背景上,有利于与其他光谱曲线进行特征数值的比较,从而提取特征波段以供分类识别。包络线变化公式(丁丽霞等,2010)如下:

$$R_{Cj} = \frac{R_j}{R_{start} + K \times (\lambda_j - \lambda_{start})} \qquad 式(3-11)$$

$$K = \frac{R_{end} - R_{start}}{\lambda_{end} - \lambda_{start}} \qquad 式(3-12)$$

式中,λ_j 是第 j 波段;R_{Cj} 是波段 j 的去除包络线后的值;R_j 是波段 j 的原始光谱反射率;R_{end} 与 R_{start} 是吸收曲线起始点和末端点的原始光谱反射率;λ_{end} 与 λ_{start} 是吸收曲线的起始点波长和末端点波长;K 是吸收曲线起始点波段与末端点波段之间的斜率。

光谱反射值经对数变换后,不仅趋向于增强可见光区的光谱差异,而且趋向于减少因光照条件变换引起的乘性因素的影响。为了取得更好的效果,光谱数据经过对数变换后进行微分处理得到对数一阶微分数据。公式如下:

$$(\log R_{\lambda i})' = [\log R_{\lambda(i+1)} - \log R_{\lambda i}] / \Delta\lambda \qquad 式(3-13)$$

式中,$\log R_{\lambda i}$ 为波长 i 与波长 $i + 1$ 之间的对数一阶微分光谱;$\log R_{\lambda i}$ 与 $\log R_{\lambda(i+1)}$ 分别为波长 i 与波长 $i + 1$ 的求对数后的光谱反射率,λ 为波长 i 与波长 $i + 1$ 之间的波长差值。

采用 SPSS 软件进行逐步判别分析,判别函数的系数选 Fisher 判别方程的系数,逐步选择变量的方式采用 Mahalanobis 距离方法,即马氏距离

（钟清流等，2008）。计算公式如下：

$$MD_k = \sqrt{(X_k - \mu)^T \sum{}^{-1}(X_k - \mu)} \qquad 式（3-14）$$

式中，MD_k 为不同光谱曲线波段的马氏距离；X_k 为不同光谱曲线在 k 波段的差值矩阵；k 为均值向量；$\sum{}^{-1}$ 为协方差矩阵。

选取差异显著波段时，为剔除差异不显著的波段，规定马氏距离值要高于各波段的平均值。同时，为便于地物光谱仪实测光谱数据与高光谱遥感数据相结合，规定马氏距离值高的波段必须连续出现 10nm 以上方可入选。

2. 研究结果

（1）光谱数据处理分析。本研究以 2017 年 7 月光谱数据为例进行分析，得到以下结论：在原始光谱数据（图 3-14a）中，中晚熟品种延薯 4 号 7 月份的光谱与其他两种马铃薯差异较大。延薯 4 号的反射率光谱曲线总体上高于其他两种马铃薯，在 750~850nm 附近，费乌瑞它反射率稍高

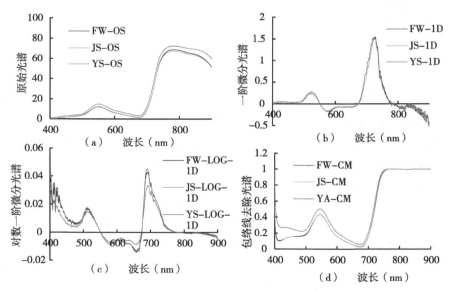

a：原始光谱；b：一阶微分光谱；c：对数一阶微分光谱；d：包络线去除光谱

图 3-14 3 种马铃薯冠层光谱数据

于吉薯 1 号。可见，一阶微分处理（图 3-14b）对于区分三种马铃薯曲线作用不大。总体上，相对于费乌瑞它与吉薯 1 号，延薯 4 号的红边位置更加靠近蓝色波段。对数一阶微分处理（图 3-14c）后 3 种马铃薯光谱曲线

差异明显。在 400~500nm 处，延薯 4 号光谱曲线明显低于其他两种马铃薯，而在 550~670nm 处的光谱曲线较高。3 种马铃薯光谱曲线均在 700nm 左右达到峰值，此处 3 种马铃薯的光谱曲线差异明显。由图 3-14d 可知，包络线去除能够进一步增加 400~700nm 范围内延薯 4 号与其他两种马铃薯之间的光谱差异。

（2）马氏距离。本研究借助马氏距离得到了初步的光谱数据差异波段。马氏距离越大，说明 3 种马铃薯在此波段的差异性越大，越容易区分。4 种光谱数据处理方法下的马氏距离由 SPSS 计算得到，以 2017 年 7 月数据为例进行分析，结果如图 3-15 所示：在原始光谱数据中，大于平均值的波段范围大致在 715~738nm、760~840nm 以及 873nm 之后；一阶微分处理后大于均值的波段范围在 696~770nm，770nm 后的数据存在噪声，波动较大，因此不考虑在内。对数一阶微分处理后的数据，在 425~447nm 之间波动较大，但存在连续大于平均值的波段。520nm 超过平均值的波段范围小于 10nm，忽略不计。其他波段马氏距离大于均值的波段范围为 660~678nm 及 687~736nm。经包络线去除后，400~446nm 范围内马氏距离大于均值，大于均值的两个波段分别位于 655~695nm 以及 731~748nm 处。6 月份和 8 月份的光谱数据采取相同的处理方式，得到马氏距离大于平均值的一系列波段范围。

（3）判别结果及精度分析。采用逐步判别法对所选取的波段做进一步选择，得到能够成功区分 3 种马铃薯光谱的特征波段，具体如表 3-20 所示。逐步分析法选取的有效特征波段范围多集中于红光波段与近红外波段。同时，6 月份数据经过对数一阶微分及包络线去除处理后，也得到了一些位于绿光波段 550nm 左右的特征波段。这与其他领域的已有研究结果一致（舒田等，2016；丁丽霞，2010）。3 种马铃薯光谱之间的差异程度随生育期不断变化，在 6 月份，4 种预处理方法下的判别精度较低。包络线去除法处理后的数据判别精度最高，为 75.9%，而一阶微分变换后的数据判别精度仅为 46.2%；7 月份光谱数据差异开始扩大，多种方法下的判别精度均升高。其中对数一阶微分处理后的识别精度达 87.7%，原始光谱识别精度次之，为 76.3%，对数一阶微分及其他处理方法下的识别精度在 68% 左右；8 月原始光谱处理下的识别精度为 81.8%，一阶微分及对数一阶微分等其他 3 种方法的识别精度为 60% 左右。

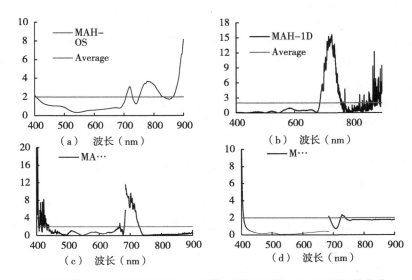

a：原始光谱；b：一阶微分光谱；c：对数一阶微分光谱；d：包络线去除光谱

图3-15 不同预处理光谱的马氏距离

表3-20 根据马氏距离选取的特征波段

时间	原始光谱（nm）	一阶微分（nm）	对数一阶微分（nm）	包络线去除（nm）
6月	884~899	728~743.2	564~574、680~700 710~720、730~740	532~542、 670~689.85
7月	707~717、 762~772 792~802	718~728、 738~748、 758~772.08	657~667、699~709	731~748
8月	564~581.5、 647~657	741~751	675~685	679~693.59

表3-21 判别精度

时间	原始光谱（OS）	一阶微分（1D）	对数一阶微分（LOG-1D）	包络线去除（CM）
6月	56.9%	46.2%	73.0%	75.9%
7月	76.3%	71.2%	87.7%	64.6%
8月	81.8%	60.6%	54.5%	69.7%
平均识别精度	71.67%	59.33%	71.73%	70.07%

　　总体上，不同预处理方法表现最佳时所对应的时间不同。包络线去除识别精度最高出现在6月份，一阶微分与对数一阶微分处理结果的最佳识

别时间为7月份，而8月份时原始光谱识别精度最高。因此可以得出，通过计算得到4种预处理方法对应的平均识别精度，其中对数一阶微分处理与原始光谱的平均识别精度最高，分别为71.73%和71.67%，其次是包络线去除法，其平均识别精度为70.07%，一阶微分的判别精度最低仅为59.33%。微分处理能够降低土壤等背景的影响，同时也会进一步放大光谱噪声，从而导致所选取特征波段不准确，判别精度降低。

3. 马氏距离结果分析

马铃薯属于茄科作物，由于其块茎生长的特点，使得在生长前期地下养分向上供应促进茎叶生长为马铃薯块茎形成做准备，而中后期（开花期后）主要转入供给地下茎促进果实膨大（孙红等，2018），因此不能将现有的水稻、玉米等禾本科作物的相关研究成果简单地套用在马铃薯上。本研究通过研究3种马铃薯关键生育期内的高光谱数据，得到以下结论：①经过微分、包络线去除等处理后的光谱数据选取的特征波段能够提高植被的识别精度；②选取的3种马铃薯光谱差异显著波段大多位于红光及近红外波段，也存在少数波段位于绿峰附近，这些可作为作物识别的重点波段；③3种马铃薯光谱之间的差异程度随生育期不断变化。6月，4种预处理方法下的判别精度较低。7月光谱数据差异开始扩大，多种方法下的判别精度均有提高；④不同预处理方法表现最佳时所对应的时间不同。包络线去除识别精度最高出现在6月，一阶微分与对数一阶微分处理结果最佳识别时间为7月，而8月份时原始光谱识别精度最高。研究表明借助高光谱数据中的特征波段可以识别不同品种的马铃薯，将作物识别研究深入到同种作物的不同品种之间，进一步丰富了高光谱数据在作物识别方面的研究成果。

农作物遥感识别特征具有时间效应，不同作物的遥感识别特征随时间呈现动态变化的规律。根据作物之间的物候差异进行特征提取，是农业遥感中常用的方法。本研究通过分析比较多时期连续的光谱数据，找到目标作物之间差异最大的时期，对于确定最佳分类时相的遥感数据具有一定的实际指导意义。

参考文献

包刚，包玉海，覃志豪，等．2013. 高光谱植被覆盖度遥感估算研究［J］．自然资源学报，28（7）：1243-1254.

陈永刚, 丁丽霞, 葛宏立, 等 . 2011. 基于均值置信区间带的高光谱
　　特征波段选择与树种识别 [J]. 光谱学与光谱分析, 31 (9):
　　2462-2466.

邓建猛, 王红军, 黎邹邹, 等 . 2016. 基于高光谱技术的马铃薯外部
　　品质检测 [J]. 食品与机械, 32 (11): 122-126.

丁丽霞, 王志辉, 葛宏立 . 2010. 基于包络线法的不同树种叶片高光
　　谱特征分析 [J]. 浙江农林大学学报, 27 (6): 809-814.

杜华强, 金伟, 葛宏立, 等 . 2009. 用高光谱曲线分形维数分析植被
　　健康状况 [J]. 光谱学与光谱分析, 29 (08): 2136-2140.

杜培军, 夏俊士, 薛朝辉, 等 . 2016. 高光谱遥感影像分类研究进展
　　[J]. 遥感学报, (02): 236-256.

范文义, 杜华强, 刘哲 . 2004. 科尔沁沙地地物光谱数据分析 [J].
　　东北林业大学学报, 32 (02): 45-48.

冯秀绒, 卜崇峰, 郝红科, 等 . 2015. 基于光谱分析的生物结皮提取研
　　究——以毛乌素沙地为例 [J]. 自然资源学报, 30 (06): 1024-1034.

高海龙, 李小昱, 等 . 2013. 马铃薯黑心病和单薯质量的透射高光谱
　　检测方法 [J]. 农业工程学报, 29 (15): 279-285.

郭红艳, 刘贵珊, 等 . 2016. 基于高光谱成像的马铃薯环腐病无损检测
　　[J]. 食品科学, 37 (12): 203-207.

韩兆迎, 朱西存, 王凌, 等 . 2016. 基于连续统去除法的苹果树冠
　　SPAD 高光谱估测 [J]. 激光与光电子学进展, 53 (02):
　　220-229.

郝瑞娟, 王周锋, 等 . 2017. CO_2 泄漏胁迫下马铃薯叶片叶绿素含量及
　　高光谱变化特征 [J]. 应用化工, 46 (4): 715-724.

何彩莲, 郑顺林, 等 . 2016. 马铃薯光谱及数字图像特征参数对氮素
　　水平的响应及其应用 [J]. 光谱学与光谱分析, 36 (9):
　　2930-2936.

胡耀华, 平学文, 等 . 2016. 高光谱技术诊断马铃薯叶片晚疫病的研
　　究 [J]. 光谱学与光谱分析, 32 (2): 515-519.

胡远宁, 崔霞, 孟宝平, 等 . 2015. 甘南高寒草甸主要毒杂草光谱特
　　征分析 [J]. 草业科学, 32 (2): 160-167.

黄春燕, 王登伟, 固洁, 等 . 2007. 棉花叶绿素密度和叶片氮积累量
　　的高光谱监测研究 [J]. 作物学报, 33 (6): 931-936.

黄木易, 王纪华, 黄文江, 等 . 2003. 冬小麦条锈病的光谱特征及遥

感监测 ［J］. 农业工程学报，19（6）：154-158.

黄涛，李小昱，等. 2015. 半透射高光谱成像技术与支持向量机的马铃薯空心病无损检测研究 ［J］. 光谱学与光谱分析，35（1）：198-202.

黄涛，李小昱，等. 2015. 半透射高光谱结合流形学习算法同时识别马铃薯内外部缺陷多项指标 ［J］. 光谱学与光谱分析，35（4）：992-996.

贾坤，姚云军，魏香琴，等. 2013. 植被覆盖度遥感估算研究进展 ［J］. 地球科学进展，28（7）：774-782.

蒋金豹，陈云浩，黄文江. 2007. 用高光谱微分指数监测冬小麦病害的研究 ［J］. 光谱学与光谱分析，27（12）：2475-2479.

蒋金豹，陈云浩，黄文江. 2010. 用高光谱微分指数估测条锈病胁迫下小麦冠层叶绿素密度 ［J］. 光谱学与光谱分析，30（8）：2243-2247.

况润元，曾帅，赵哲，肖阳. 2017. 基于实测高光谱数据的鄱阳湖湿地植被光谱差异波段提取 ［J］. 湖泊科学，29（06）：1485-1490.

李冰，刘镕源，刘素红，等. 2012. 基于低空无人机遥感的冬小麦覆盖度变化监测 ［J］. 农业工程学报，28（13）：160-165.

李粉玲，常庆瑞. 2017. 基于连续统去除法的冬小麦叶片全氮含量估算 ［J］. 农业机械学报，48（07）：174-179.

李民赞，韩东海，王秀. 2006. 光谱分析技术及其应用 ［M］. 北京：科学出版社，176.

李树强，李民赞. 2014. 冬小麦生育早期长势反演模型通用性研究 ［J］. 农业机械学报，45（2）：246-250.

李小平. 2015. 马铃薯机械化生产现状及发展对策，（2）：111-112.

李喆，胡蝶，赵登忠，等. 2015. 宽波段遥感植被指数研究进展综述 ［J］. 长江科学院院报，（01）：125-130.

林海军，张绘芳，高亚琪，等. 2014. 基于马氏距离法的荒漠树种高光谱识别 ［J］. 光谱学与光谱分析，34（12）：3358-3362.

刘炜，常庆瑞，郭曼，等. 2011. 冬小麦导数光谱特征提取与缺磷胁迫神经网络诊断 ［J］. 光谱学与光谱分析，31（4）. 1092-1096.

刘秀英，林辉，熊建利，等. 2005. 森林树种高光谱波段的选择 ［J］. 遥感信息，（04）：41-44，64.

刘秀英，臧卓，孙华，等. 2011. 基于高光谱数据的杉木和马尾松识

别研究 [J]. 中南林业科技大学学报, 31 (11): 30-33.

卢肖平. 2015. 马铃薯主粮化战略的意义、瓶颈与政策建议. 华中农业大学学报, (03): 1-7.

彭杰, 迟春明, 向红英, 等. 2014. 基于连续统去除法的土壤盐分含量反演研究 [J]. 土壤学报, 51 (03): 459-469.

浦瑞良, 宫鹏. 2000. 高光谱遥感及其应用 [M]. 高等教育出版社.

浦瑞良, 宫鹏. 2009. 高光谱遥感及其应用 [M]. 北京: 中国地质大学 (北京).

钱育蓉, 于炯, 贾振红, 等. 2013. 新疆典型荒漠草地的高光谱特征提取和分析研究 [J]. 草业学报, 22 (01): 157-166.

任哲, 陈怀亮, 王连喜, 等. 2015. 利用交叉验证的小麦 LAI 反演模型研究 [J]. 国土资源遥感, 27 (04): 34-40.

舒田, 岳延滨, 李莉婕, 等. 2016. 基于高光谱遥感的农作物识别 [J]. 江苏农业学报, (06): 1310-1314.

苏文浩, 刘贵珊, 等. 2014. 高光谱图像技术结合图像处理方法检测马铃薯外部缺陷 [J]. 浙江大学学报 (农业与生命科学版), 40 (2): 188-196.

孙红, 郑涛, 刘宁, 等. 2018. 高光谱图像检测马铃薯植株叶绿素含量垂直分布 [J]. 农业工程学报, 34 (1): 149-156.

汤全武, 等. 2014. 基于 HIT 的马铃薯外部缺陷特征的提取 [J]. 东北农业大学学报, 45 (6): 114-121.

汤哲君, 等. 2014. 基于高光谱成像技术和 SVM 神经网络的马铃薯外部损伤识别 [J]. 湖北农业科学, 53 (15): 3634-3638.

唐延林, 王人潮, 黄敬峰, 等. 2004. 不同供氮水平下水稻高光谱及其红边特征研究 [J]. 遥感学报, 8 (2): 185-192.

童庆禧, 张兵, 张立福. 2016. 中国高光谱遥感的前沿进展 [J]. 遥感学报, (5): 689-707.

童庆禧, 张兵, 郑兰芬. 2006. 高光谱遥感: 原理、技术与应用. 北京: 高等教育出版社.

王崇, 吴见. 2015. 农作物种类高光谱遥感识别研究 [J]. 地理与地理信息科学, (2): 29-33.

王磊, 王贺, 卢艳丽, 等. 2013. NDVI 在农作物监测中的研究与应用 [J]. 中国农业资源与区划, (4): 43-50.

王秀珍, 李建龙, 唐延林, 等. 2004. 导数光谱在棉花农学参数测定中的作用［J］. 华南农业大学学报·自然科学版，25（2）：17-21.

王秀珍，王人潮，李云梅，等.2001. 不同氮素营养水平的水稻冠层光谱红边参数及其应用研究［J］. 浙江大学学报：农业与生命科学版，27（3）：301-306.

王亚飞，钱乐祥，刘含海.2006. 地物光谱曲线特征点的提取和应用［J］. 河南大学学报（自然科学版），36（4）：67-70.

王正兴，刘闯，Huete Alfredo.2003. 植被指数研究进展：从 AVHRR-NDVI 到 MODIS-EVI［J］. 生态学报，（5）：979-987.

王志辉，丁丽霞.2010. 基于叶片高光谱特性分析的树种识别［J］. 光谱学与光谱分析，30（7）：1825-1829.

吴长山，项月琴，郑兰芬，等.2000. 利用高光谱数据对作物群体叶绿素密度估算的研究［J］. 遥感学报，4（3）：228-232.

姚付启，张振华，杨润亚，等.2009. 基于红边参数的植被叶绿素含量高光谱估算模型［J］. 农业工程学报，25（S2）：123-129.

张丰，熊桢，寇宁.2002. 高光谱遥感数据用于水稻精细分类研究［J］. 武汉理工大学学报，24（10）：36-39.

张富华，黄明祥，张晶，等.2014. 利用高光谱识别草地种类的研究——以锡林郭勒草原为例［J］. 测绘通报，（7）：66-69.

赵春江，黄文江，王纪华，等.2002. 不同品种、肥水条件下冬小麦光谱红边参数研究［J］. 中国农业科学，35（8）：980-987.

钟清流，蔡自兴.2008. 基于统计特征的时序数据符号化算法［J］. 计算机学报，31（10）：1857-1864.

邹红玉，郑红平.2010. 浅述植被"红边"效应及其定量分析方法［J］. 遥感信息，（4）：112-116.

Baranowski P，Mazurek W，Wozniak J，et al. 2012. Journal of Food Engineering，110（3）：345-355.

Chu Xuan，Wang Wei，Yoon S C，et al. 2017. Detection of aflatoxin B1（AFB1）in individual maize kernels using short wave infrared（SWIR）hyperspectral imaging［J］. Biosystems Engineering，157：13-23.

Gmeff S，Link J，Claupein W. 2006. Identification of powdery mildew and take-all disease in wheat by means of leaf renectance measurements［J］. Central European Journal of Biology，1（2）：275-288.

Guo Binbin，Qi Shuangli，Heng Yarong，et al. 2017. Remotely assessing leaf N uptake in winter wheat based on canopy hyperspectral red-edge absorption [J]. European Journal of Agronomy, 82: 113-124.

Han Zhaoying, Zhu Xicun, Wang Ling, et al. 2016. Laser and Optoelectronics Progress, 53 (02): 220-229.

Helmi Z M S , Mohamad A M S, Azadeh G. 2006. American Journal of Applied Sciences, 3 (6): 1864.

Huang J F, Apan A. 2006. Detection of sclerotinia rot disease on celery using hyperspectral data and partial least squares regression [J]. Journal of Spatial Science, 52 (2): 129-142.

Huang Yanbo, Yuan Lin, Krishna N R, et al. 2016. In-situ plant hyperspectral sensing for early detection of soybean injury from dicamba [J]. Biosystems Engineering, 149: 51-59.

Huete A R. 1988. A soil-adjusted vegetation index (SAVI) [J]. Remote Sensing of Environment, 25 (3): 295-309.

Huete A R. 1988. A soil-adjusted vegetation index (SAVI) [J]. Remote Sensing of Environment, 25 (3): 295-309.

Jones C D, Joned J B, Lee WS. 2010. Diagnosis of bacterial spot of tomato using spectral signatures [J]. Computer and Electronics in Agriculture, 74 (2): 329-335.

Li Fei, Miao Yuxin, Feng Guohui, et al. 2014. Improving estimation of summer maize nitrogen status with red edge-based spectral vegetation indices [J]. Field Crops Research, 157 (2): 111-123.

Li Fei, Miao Yuxin, Feng Guohui, et al. 2014. Improving estimation of summer maize nitrogen status with red edge-based spectral vegetation indices [J]. Field Crops Research, 157 (2): 111-123.

Li Fenling, Chang Qingrui. 2017. Transaction of the Chinese Society For Agriculture Machinery, 48 (07): 174-179.

Li Jiangbo, Rao Xiuqin, Ying Yibin. 2012. Journal of The Science of Food and Agriculture, 92 (1): 125-134.

Lin Du, Wei Gong, Shuo Shi, et al, 2016. Estimation of rice leaf nitrogen contents based on hyperspectral LIDAR [J]. International Journal of Applied Earth Observation and Geoinformation, 44: 136-143.

Malthus T J, Maderia A C. 1993. High resolution 5 pectroradiometry: spectral reflectance of field bean leaves infected by Botrytis. Remote Sensing of Environment, 45 (1): 107-116.

Moshou D, Bravo C, Oberti R, et al. 2005. Plant disease detection based on data fusion of hyper-spectral and multi- spectral fluorescenece Imaging using Kohonen maps [J]. Real-Time Imaging, 11 (2): 75-83.

Moshou D, Bravo C, West J, et al. 2004. Automatic detection of 'yellow rust' in wheat using renectance measuremems and neulral networks [J]. Computers and Electronic in Agriculture, 44 (3): 173-188.

Muir Y, Porteous R L, Wastie R L. 1982. Experiments in the detection of incipient diseases in potato tubers by optical methods [J]. Journal of Agricultural Engineering Research, 27 (2): 131-138.

Naidu R A, Perry E M, Pierce F J, et al. 2009. The potential of spectral reflectance technique for the detection of Grapevine leafroll-associated virus-3 in two red-berried wine grape cultivars [J]. Computers and Electmnics in Agriculture, 66 (1): 38-45.

Peng Jie, Chi Chunming, Xiang Hongying, et al. 2014. Acta Pedologica Sinica, 51 (03): 459-469.

Qian Yurong, Yu Jiong, Jia Zhenhong, et al. 2013. Acta Prataculturae Sinica, 22 (01): 157-166

Rajkumar P, Wang Ning, Eimasry G, et al. 2012. Journal of Food Engineering, 108 (1): 194-200.

Ren Zhe, Chen Huailiang, Wang Lianxi, et al. 2015. Remote Sensing for Land & Resources, 27 (04): 34-40.

Siripatrawan U, Makino Y, 2015. Monitoring fungal growth on brown rice grains using rapid and non-destructive hyperspectral imaging [J]. International Journal of Food Microbiology, 199: 93-100.

Smith K L, Steven M D, Coils J J. 2004. Use of hyperspeetral derivativeratios in the red—ledge region to identify plant stress responses to gas leaks. Romote Sensing of Environment, 92 (2): 207-217.

Tang Yanlin, Huang Jingfeng, WANG Xiuzhen, et al. 2004. Comparison of the characteristics of hyperspectra and the red edge in rice, corn and cotton [J]. Scientia Agncuhura Sinic, 37 (1): 29-35.

Tang Yanlin, Wang Xiuzhen, Huang Jingfeng, et al. 2003. The hyperspectra and their red Edge characteristics of cotton (I) [J]. Cotton Science, 15 (3): 146-150.

Wang Wei, Ni Xinzhi, Kurt C L, et al. 2015. Feasibility of detecting Aflatoxin B1 in single maize kernels using hyperspectral imaging ［J］. Journal of Food Engineering, 166: 182-192.

Xu H R, Ying Y B, Fux P, et a1. 2007. Near-infrared spectroscopy in detecting leaf miner damage on tomato leaf ［J］. Biosystems Engineering, 96 (4): 447-454.

Zhang MH, Qin Z H, Liu X. 2005. Remote sensed spectral imageryto detect late blight in field tomatoes ［J］. Precision Agriculture, 6 (6): 489-508.

Zheng Youfei, Guo X, Olfert O, et al. 2007. Monitoring growth vigour of crop using hyperspectral remote sensing data ［J］. Meteorological and Environmental Sciences, 30 (1): 10-16.

第四章 马铃薯 LAI 值反演与分析

第一节 作物 LAI 值反演研究进展

叶面积指数（Leaf Area Index，LAI）是反映作物群体生化状况以及物理过程的重要参数（LIU Ke 等，2016），其数学意义为单位地表面积上植物叶单面面积的总和（赵春江等，2009）。叶面积指数可以为作物田间管理、水肥调控、长势监测以及产量估算等提供重要的理论指标，同时，因作物冠层光谱反射率随其变化，它被视为高光谱遥感长势监测中最常用的综合参数（王伟等，2010）。基于地面测量的传统叶面积指数获取方法不仅效率低、成本高，而且只能准确获取小范围的叶面积指数。高光谱技术可以利用大量窄波段电磁波获取感兴趣目标的理化信息（杜培军等，2016），凭借其连续性强、信息量大的优势可以为实时快速地监测作物长势、估测作物农学参数等提供依据。

目前，国内外利用高光谱估算作物叶面积指数已经做了大量研究，但主要针对小麦（Guo Binbin 等，2017）、玉米（Li Fei 等，2014）、水稻（Wang Wei 等，2015）等禾本科作物及大豆（Lin Du 等，2016）等豆科类作物，很少涉及茄科类作物，尤其是马铃薯的相关研究还未见报道。随着我国"马铃薯主粮化"战略的实施，对马铃薯面积提取、产量估测、种植适宜性、病虫害以及长势的监测等方面展开研究显得十分紧迫（He 等，2016），因此，对马铃薯叶面积指数进行估算研究具有重要意义。针对作物叶面积指数的研究中，大多数学者采用植被指数的方法进行模拟研究。李鑫川等（2012）通过分段的方式选择冬小麦敏感植被指数构建最佳植被指数组合以提高叶面积指数反演的精度；赵娟等（2013）分析比较了在冬小麦整个生育期选用当前广泛使用的归一化植被指数反演冬小麦叶面积指数和在冬小麦不同生长阶段选用不同植被指数反演冬小麦叶面积指数结果的差异；辛明月等（2015）采用光谱微分技术和统计分析技术，分别分析了水稻高光谱反射率及其植被指数与叶面积指数之间的关系，建立了叶面积指数估算模型并对模拟结果进行对比；夏天等（2013）利用回归分析法和 BP 神经网络法构建了区域冬小麦叶面积指数估算模型；谢巧云等（2014）分别利用支持向量机、离散小波变换、连续小波变换和主成分分析 4 种叶面积指数反演方法构建了冬小麦叶面积指数反演模型，并对不同算法反演的叶面积指数模型进行了真实性检验。在国外学者的研究中，Eklundh（2003）、Haboudane（2004）和 Tillack（2014）均采用线性回归模型来反演叶面积指数；Feng（2013）和 Herrmann（2011）均采用线性回归模型和指数模型来反演叶面积指数；Houborg（2008）采用多项式模型对叶面积指数进行反演。

第二节　马铃薯 LAI 值反演方法与数据处理

一、方法介绍

基于田间试验获取费乌瑞它和延薯 4 号两个马铃薯品种的全生育期冠层高光谱反射率数据，通过相关分析确定敏感波段并构建 7 个植被指数，应用连续统去除法提取 7 个连续统去除光谱特征参数，最后将植被指数和不同特征参数分别与马铃薯叶面积指数进行统计分析并精度验证。

1. 回归分析法

回归分析法可分为一元回归分析和多元回归分析两大类（黄双萍等，2013），该方法以敏感波长点对应的冠层光谱反射率构建的各种植被指数或者其他参数为自变量，以叶面积指数为因变量，建立两个变量之间的映射关系（Thenkabail P S 等，2000；Hocking, R. R 等，1976）。本研究以植被指数反演叶面积指数为例，利用 SPSS 软件的统计分析功能进行马铃薯冠层高光谱反射率和叶面积指数的相关性分析，根据相关系数趋势变化图找出敏感波段，然后根据敏感波段的反射率计算植被指数，最后把建立的植被指数和叶面积指数构建回归模型并进行精度验证。根据现有研究成果以及光谱反射率变化特征，本研究选取 7 种植被指数（表 4-1）来构建马铃薯叶面积指数的估算模型。其中，比值植被指数（Ratio Vegetation Index）能较好地反映植被覆盖度以及长势情况，当植被覆盖度超过 50% 时，RVI 对植被非常敏感，当植被覆盖度不足 50% 时，敏感性降低；差值植被指数（Difference Vegetation Index）能很好地反映植被土壤背景的变化；归一化植被指数（Normalized Difference Vegetation Index）常用于研究植被的长势，可以消除大部分辐射误差；绿色归一化植被指数（Green Normalized Difference Vegetation Index）一般用来估测植被的健康度及生物量等；绿波段比值植被指数（Green Ratio Vegetation Index）一般在叶面积指数超过 3 时对植被变化比较敏感；增强型植被指数（Enhanced Vegetation Index）可以有效地避免大气和土壤的饱和问题；土壤调整植被指数（Soil-Adjusted Vegetation Index）可以降低土壤背景的影响，本研究中土壤调节系数 L 取 0.5。

表 4-1 本研究采用的植被指数

高光谱植被指数	计算公式
比值植被指数（RVI）	$RVI = NIR/\mathrm{Red}$ [Anderson G L et al, 1993]
差值植被指数（DVI）	$DVI = NIR - \mathrm{Red}$ [Richardson A J et al, 1977]
归一化植被指数（NDVI）	$NDVI = (NIR - \mathrm{Red})/(NIR + \mathrm{Red})$ [Miller J R et al, 1990]
绿色归一化植被指数（GNDVI）	$GNDVI = (NIR - Green)/(NIR + Green)$ [Gitelson A A et al, 1996]
绿波段比值植被指数（GRVI）	$GRVI = NIR/Green - 1$ [Gitelson A A et al, 1996]
增强型植被指数（EVI）	$EVI = 2.5 \times \dfrac{NIR - \mathrm{Red}}{NIR + 6 \times \mathrm{Red} - 7.5 \times Blue + 1}$ [Huete A et al, 1996]
土壤调整植被指数（SAVI）	$SAVI = \left(\dfrac{NIR - \mathrm{Red}}{NIR + \mathrm{Red} + L}\right)(1 + L)$ [Huete A R et al, 1988]

注：NIR、Red、Green、Blue 分别为近红外、红光、绿光、蓝光波段反射率；L 为土壤调节系数

2. 连续统去除法

连续统去除法（韩兆迎等，2016）又称包络线去除法，是由 Roush 和 Clark 最早提出的一种对原始光谱曲线归一化处理的方法，广泛应用于矿质和岩石光谱分析中。"连续统"定义为逐点直线连接随波长变化的吸收或反射凸出的峰值点，并使折线在峰值点上的外角大于 180°。逐点连接线称为包络线，连续统去除法就是用实际光谱反射率值去除包络线上相应波段反射率值。该方法使得经变换后的反射率值在 0~1 之间，峰值点上的相对反射率均为 1，其他点相对反射率均小于 1，这一变换可以突出显示光谱的吸收和反射。计算公式为：

$$S_{cr} = R/R_c \qquad\qquad 式（4-1）$$

式中，S_{cr} 为连续统去除光谱反射率，R 为原始光谱反射率，R_c 为连续统线反射率。

应用 ENVI 软件，对滤波处理后的光谱数据进行连续统去除光谱信息的提取。根据连续统去除光谱数据提取 7 类特征参数并进行比较分析。连续统去除光谱的 6 类特征参数分别为：①最大吸收深度 D_h：吸收峰的最大吸收值；②吸收波段波长 λ：最大吸收深度对应的波长；③总面积 S：起始和终止波长内的波段深度的积分；④左面积 S_l：总面积中最大吸收深度以左的面积；⑤右面积 S_r：总面积中最大吸收深度以右的面积；⑥对称度 V：左面积与右面积的比值；⑦面积归一化最大吸收深度 W：最大吸收深度与总面积的比值。

3. 模型构建与验证

将监测数据分为两类，每类数据包含冠层光谱反射率以及同期的叶面积指数数据各 36 组，分别用来构建模型和验证模型。利用 EXCEL 软件中的指数模型、线性模型、对数模型、多项式模型和幂模型等进行模型构建。精度验证采用决定系数 R^2、拟合系数 r、平均相对误差 MRE 3 个指标来确定。决定系数 R^2 越接近 1，说明回归模型对实测值的拟合效果越好，决定系数 R^2 越接近 0，说明拟合效果越差。拟合系数 r 为模拟值和实测值之间的相关系数，r 越接近 1，说明方程估算效果越好，r 越接近 0，说明估算效果越差。平均相对误差 MRE 越小，说明模拟结果越准确，选择 R^2 较大、r 较大、MRE 较小的回归模型作为最终模型，使用的相关数学公式如下：

$$R^2 = SSE/SST = 1 - SSR/SST \qquad 式（4-2）$$

式中，SST（sum of squares for total）为总平方和，SSE（sum of squares for error）为残差平方和，SSR（sum of squares for regression）为回归平方和。

$$RMSE = \sqrt{\frac{1}{n}\sum_{i=1}^{n}(x_i - \hat{x_i})^2} \qquad 式（4-3）$$

$$MRE = \frac{RMSE}{\bar{x_i}} \qquad 式（4-4）$$

式中，$RMSE$ 为均方根误差（root mean square error），x_i 为实测值，$\hat{x_i}$ 为模拟值，$\bar{x_i}$ 为实测值的平均值。

二、数据获取与处理

1. 光谱数据获取

应用美国 Ocean Optics 公司的微型光纤光谱仪 USB2000+获取马铃薯

冠层光谱反射率数据，最快采样速度是 1ms，光谱采样间隔为 0.44nm。光谱反射率选择在天气晴朗，无云，无风时测量，测量时段为每日 10：00—14：00。测量过程中传感器探头垂直向下，距冠层顶垂直高度约 1m，以便最大程度消除土壤背景等对马铃薯冠层光谱反射率的影响。在视场范围内，每个小区测 3 次，每次随机选取 3 个观测点进行测量，每个观测点测量 3 条曲线，取平均值作为该观测点的冠层光谱反射率数据。测量的时间点包含马铃薯的整个生育期。

马铃薯冠层叶面积指数的采集与冠层光谱反射率的测量同步进行。叶面积指数采集使用的是 SUNSCAN 冠层分析系统，该系统通过椭圆叶面角度分布方程获取透射率来采集 LAI，采集 LAI 时不需要考虑天气条件，在多云阴天等条件下均可使用。为保证采集数据的准确性，测量时每个小区均匀选择 9 个点，每个点平行于马铃薯垄间和垂直于垄间各测量 3 次，取平均值作为该点的 LAI 值。

2. 高光谱曲线滤波处理

为尽量减小噪声的影响，测量原始反射率数据截取波长在 400~950nm 范围内的数据并采用 Savitzky–Golay 平滑滤波方法处理得到滤波曲线，使光谱数据有利于进行数学建模分析。

第三节　马铃薯 LAI 值反演与分析

一、植被指数计算及相关性分析

将滤波处理后的马铃薯不同生育期的冠层光谱反射率与其对应的 LAI 进行相关性分析，结果如图 4-1 所示。由图可知：在可见光波段（400~760nm），马铃薯冠层光谱反射率与 LAI 总体上表现为负相关（$P <$ 0.01），在可见光的绿光波段（500~560nm），曲线出现一个小波峰，这是由于叶绿素强吸收带的影响。在红光波段（620~690nm）呈现显著负相关，最小值达 -0.5 左右。在 690~760nm 波段处，马铃薯叶片色素对光的吸收能力逐渐减弱，细胞结构对光的反射能力逐渐增强，相关系数随着波长的增加不断增加，在 710nm 处迅速接近 0，在近红外波长为 773nm 处达到最大值 0.523。在近红外（760~850nm）区域，相关系数均保持较大值，对马铃薯冠层结构表现最为敏感。根据以上相关性分析，选取对光谱变化比较敏感的可见光蓝光 417.34nm，可见光绿光波峰 547.34nm，可见

光红光波谷 683.62nm，近红外 773.28nm 等波段冠层反射率来计算植被指数。

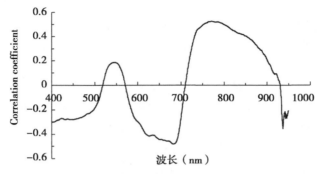

图 4-1　马铃薯冠层光谱反射率与 LAI 的相关性

　　根据以上敏感波段的反射率计算，本研究选取 7 种植被指数，并将这 7 种植被指数与马铃薯 LAI 数据进行相关性分析，结果如表 4-2 所示：马铃薯 LAI 与 7 种植被指数的相关系数在 0.318~0.669。按照统计学规定，当相关系数 $|r| \geqslant 0.8$ 时为高度相关；当 $0.5 \leqslant |r| < 0.8$ 时为中度相关；当 $0.3 \leqslant |r| < 0.5$ 时为低度相关；当 $|r| < 0.3$ 时为不相关。因此，DVI、NDVI、EVI 和 SAVI 与马铃薯 LAI 中度相关，RVI、GNDVI 和 GRVI 与马铃薯 LAI 低度相关。综上所述，DVI、NDVI、EVI、SAVI、RVI、GNDVI 和 GRVI 这 7 种植被指数均可以用来建立马铃薯 LAI 的反演模型。

表 4-2　马铃薯植被指数与叶面积指数的相关系数

参数	植被指数						
	RVI	DVI	NDVI	GNDVI	GRVI	EVI	SAVI
LAI	0.318 *	0.581 **	0.663 **	0.424 **	0.402 *	0.667 **	0.669 **

　　注：** 表示在 0.01 水平（双侧）上显著相关，* 表示在 0.05 水平（双侧）上显著相关，下同

二、基于植被指数的马铃薯 LAI 反演

　　将 7 种植被指数分别与 LAI 进行拟合，建立不同的反演模型。本研究从监测数据中选择 36 组样点数据进行模型构建，最终确定的模型见表 4-3。可以看出，除 GNDVI 和 GRVI 外，其他植被指数均能较好地反映马铃薯 LAI 的变化情况，决定系数 R^2 的范围为 0.4407~0.5568，拟合系数 r 均超过 0.64，平均相对误差 MRE 均小于 0.2161，其中，综合拟合效果较好

的有 SAVI、NDVI、EVI 和 DVI。由于在整个生育期内，LAI 和植被指数呈非线性变化，因此反演模型均为非线性模型。

表 4-3 植被指数反演 LAI 模型构建与验证

植被指数	波段组合（nm）	反演模型	决定系数（R^2）	拟合系数（r）	平均相对误差（MRE）
RVI	773，683	$y = -0.0017x^2 + 0.148x + 1.3836$	0.440 7	0.663 9	0.207 5
DVI	773，683	$y = -18.292x^2 + 26.122x - 5.27$	0.450 7	0.671 4	0.205 6
NDVI	773，683	$y = 4.9025x^{3.1658}$	0.526 1	0.640 0	0.215 5
GNDVI	773，547	$y = 6.8267x^{1.847}$	0.200 5	0.420 8	0.254 8
GRVI	773，547	$y = -0.1567x^2 + 1.7889x - 1.1884$	0.194 9	0.441 5	0.248 9
EVI	773,683,417	$y = 4.2551x^{1.3317}$	0.518 3	0.641 0	0.216 1
SAVI	773，683	$y = 5.7913x^{1.9057}$	0.556 8	0.673 9	0.207 0

　　以上综合拟合效果较好的 4 种植被指数模拟结果如图 4-2 所示，由于可见光绿峰波段反射率与 LAI 相关系数较低，因此由绿峰波段反射率构建的 GNDVI 和 GRVI 两种植被指数反演 LAI 效果较差。RVI 在与 LAI 进行相关分析时，相关系数为 0.318，虽然在低度相关范围内，但是接近临界点，相关性不高，因此 RVI 反演 LAI 效果也不佳。DVI、EVI 和 SAVI 这 3 种植被指数考虑到土壤、大气以及周围环境因素的影响，NDVI 消除了大部分有关辐照度变化的影响，且这 4 种植被指数构建所利用的反射率与 LAI 相关性都很强，因此反演效果较好。

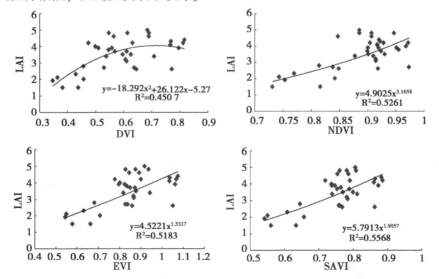

图 4-2 植被指数拟合叶面积指数 LAI 的反演模型

三、连续统去除法参数提取及相关性分析

原始光谱反射率数据经过滤波处理后得到滤波光谱数据，再应用ENVI软件得到连续统去除光谱数据，经过连续统变换，叶绿素强烈吸收蓝光（450nm）和红光（600nm）形成的两个吸收谷，在连续统去除光谱（380~850nm）上形成"双谷"结构，在550nm附近形成的波峰比滤波光谱"绿峰"更高，本研究利用两个吸收谷中较为强烈的吸收谷进行7类特征参数的提取。

同上述相关分析一样，利用连续统去除光谱反射率与LAI进行相关性分析，结果如图4-3所示：相比于原始光谱反射率，连续统去除光谱与LAI的相关性在整体上更强，在全观测波段，连续统去除光谱反射率与LAI呈负相关（$P < 0.01$），在600~700nm范围内相关性尤为显著，在波长为617.44nm处负相关性最强，相关系数为-0.78。

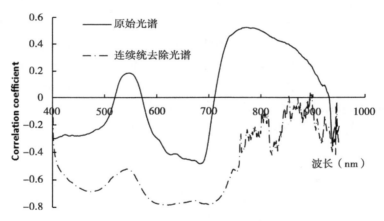

图4-3　光谱反射率与LAI的相关性

为进一步提高马铃薯LAI的反演精度，本研究在植被指数反演的基础上，利用7种连续统去除光谱特征参数进行反演。为选择最佳反演参数，将7种特征参数分别与马铃薯LAI进行相关性分析，如表4-3所示。结果表明：这7种特征参数与LAI的相关系数范围为0.282~0.863，吸收波段波长λ与LAI不相关，面积比V与LAI低度相关，最大吸收深度D_h与LAI中度相关，总面积S，左面积S_l，右面积S_r和深度面积比W与LAI高度相关，且均通过了0.01水平显著性检验。因此，除吸收波段波长λ外，其他6种特征参数均可以用来建立马铃薯LAI的反演模型。

表 4-4　光谱吸收特征参数与叶面积指数的相关系数

参数	特征参数						
	D_h	λ	S	S_l	S_r	V	W
LAI	0.718**	0.282	0.863**	0.824**	0.802**	0.467**	0.861**

四、基于连续统去除法参数的马铃薯 LAI 反演

从表 4-4 中选择与 LAI 相关性较强的连续统去除光谱特征参数进行马铃薯 LAI 反演，结果如表 4-5 所示：6 种连续统去除光谱特征参数均能较好地反映马铃薯 LAI 的变化情况，除面积比 V 和最大吸收深度 D_h 外，其他 4 种特征参数反演模型决定系数均在 0.801 以上，拟合系数均在 0.868 以上，平均相对误差均小于 0.14。相比于植被指数反演模型，连续统去除光谱特征参数反演有明显的优势，拟合效果有很大的改善，误差也明显减小。其中，总面积 S 反演的决定系数最高，达 0.843 5，但深度面积比 W 反演的结果拟合系数更高，达 0.910 5，平均相对误差也最小，为 0.114 7。

表 4-5　吸收特征参数反演 LAI 模型构建与验证

特征参数	反演模型	决定系数（R^2）	拟合系数（r）	平均相对误差（MRE）
D_h	$y = 4.9115x^{5.5899}$	0.681 1	0.736 3	0.189 7
S	$y = 20.231e^{-0.024x}$	0.843 5	0.880 8	0.132 4
S_l	$y = 8.6874e^{-0.036x}$	0.817 6	0.879 1	0.133 6
S_r	$y = 68.759e^{-0.064x}$	0.801 2	0.868 3	0.139 8
V	$y = 9.4642e^{-1.832x}$	0.442 1	0.628 7	0.217 7
W	$y = -26956x^2 + 1033.4x - 5.1892$	0.829	0.910 5	0.114 7

综合拟合效果较好的 4 种特征参数反演模型如图 4-4 所示，由于 LAI 与连续统光谱呈非线性变化，因此，反演模型均为非线性模型。连续统去除光谱特征参数反演 LAI 效果较好的原因是经过连续统去除的变换，使得光谱数据与 LAI 数据的相关性大大加强，提取的特征参数也进一步增加了与 LAI 的相关性，因此，随着相关性的不断增强，反演模型的精度也在不断增加。

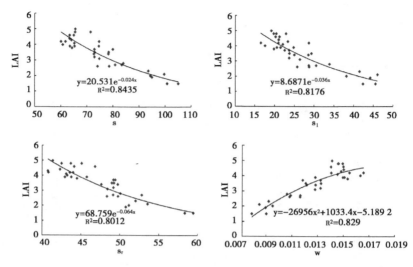

图 4-4　吸收特征参数反演模型

五、马铃薯 LAI 反演精度对比分析

　　为了验证植被指数反演模型的精度，分别将验证数据代入其相应的反演模型中，得到模拟的 LAI 数据，将模拟的 LAI 值和实际测量的 LAI 值进行比较，如图 4-5 所示。结果表明：4 种植被指数验证模型的决定系数 R^2 范围为 0.409 6~0.454 1，均能较好地模拟 LAI，其中 SAVI 验证模型的决定系数 R^2 最高，模拟效果和验证效果都是最佳的。虽然利用植被指数反演马铃薯 LAI 精度接近 80%，但反演结果精度仍然有提高的空间。

　　sr 为了进一步验证特征参数的反演模型，对 4 种模拟效果较好的反演模型构建验证模型，如图 4-6 所示。可以看出，4 种特征参数验证模型的决定系数范围为 0.753 9~0.829，验证效果都比较好。深度面积比 W 的验证效果最好，决定系数为 0.829，根据其反演误差（0.114 7）综合判定，该参数的反演效果和验证效果均为最佳。由植被指数和连续统去除法参数的 LAI 反演结果可以看出，连续统去除法参数反演 LAI 精度接近 90%，在植被指数反演的基础上有了很大的提高。

　　可见光波段和近红外反射平台的光谱反射率可以更好地反映 *LAI* 的动态变化（Walburg G 等，1981），通过对马铃薯冠层光谱反射率与叶面积指数进行相关性分析，发现本研究 LAI 敏感波段存在于可见光蓝光 417.34nm、可见光绿光波峰 547.34nm、可见光红光波谷 683.62nm、近红

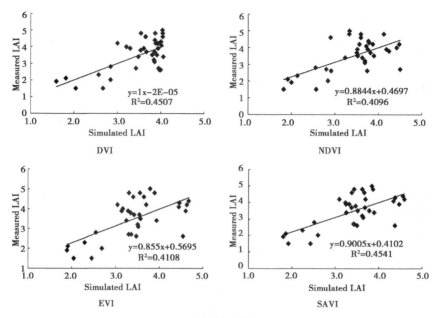

图 4-5　植被指数反演模型验证

外 773.28nm 等处。在现有研究的基础上，基于马铃薯 *LAI* 敏感波段，选择了 *DVI*、*NDVI*、*EVI*、*SAVI*、*RVI*、*GNDVI* 和 *GRVI* 共 7 种植被指数与 *LAI* 进行相关性分析，发现 *DVI*、*NDVI*、*EVI* 和 *SAVI* 与马铃薯 *LAI* 值中度相关，*RVI*、*GNDVI* 和 *GRVI* 与马铃薯 *LAI* 低度相关，该结果与小麦（贺佳等，2014）、花生（吕晓等，2016）等研究结果基本一致。*DVI*、*NDVI*、*EVI* 和 *SAVI* 由于能够很好地消除土壤背景和辐照度因子的影响，因此与 *LAI* 的相关性相对较高，最后反演模型的精度也较高，其中 *SAVI* 模拟效果最佳。根据植被指数构建马铃薯 *LAI* 反演模型，由于马铃薯不同生育期 *LAI* 差异较大，植被指数受外界因素影响较大，并且全生育期容易导致建模数据饱和，不同的植被指数对降低土壤背景以及大气气溶胶等噪声的程度不同（Mannschatz T 等，2014），使得反演模型精度只有 80% 左右。

　　连续统去除光谱将马铃薯冠层光谱映射到连续统线上，归一化处理使得局部吸收特征之间的差异被放大，通过连续统去除光谱与马铃薯 *LAI* 进行相关分析，整体上的相关性有很大的提升，且整体呈负相关，该结果与氮含量和冠层光谱的相关性研究结果一致（李粉玲等，2017）。利用 7 种连续统去除光谱特征参数与马铃薯 *LAI* 进行相关性分析，吸收波段波长 λ

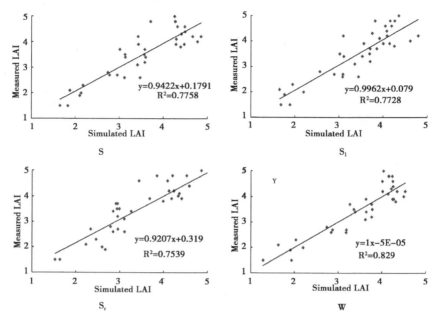

图4-6 吸收特征参数反演模型验证

在670nm附近变化，与 *LAI* 相关性极弱，总面积 S，左面积 S_l，右面积 S_r 和深度面积比 W 与 *LAI* 高度相关，其反演模型精度提高至90%左右，拟合效果也有明显改善，相比于植被指数反演模型，连续统去除光谱特征参数反演具有明显优势。

高光谱数据信息量大，如何从这些数据中甄选出更有效、更合适的植被指数或其他参数来建立反演模型，仍需不断探索。本试验在东北地区进行，马铃薯品种有限，且受限于各种因素，所以构建的反演模型仍需在不同地区、不同马铃薯品种、不同耕作方式等条件下进行检验和完善。马铃薯叶面积指数高光谱遥感反演的进一步研究应更加多元化，例如在水热条件差异较大的区域开展试验，在采集数据时严格区分不同生育期，将不同生育期的数据分别构建合适的植被指数，进行分时段构建反演模型，并且采用回归分析、神经网络等多种方法进行模拟，以及尝试使用不同的光谱形式（如倒数光谱，一阶导数光谱，对数光谱等）进行模型构建，以期望获得精度更高、鲁棒性更好的反演模型。

参考文献

杜培军，夏俊士，薛朝辉，等 . 2016. 高光谱遥感影像分类研究进展 [J]. 遥感学报，（2）：236-256.

韩兆迎，朱西存，王凌，等 . 2016. 基于连续统去除法的苹果树冠 SPAD 高光谱估测 [J]. 激光与光电子学进展，53（2）：220-229.

贺佳，刘冰锋，李军 . 2014. 不同生育时期冬小麦叶面积指数高光谱遥感监测模型 [J]. 农业工程学报，30（24）：141-150.

黄双萍，洪添胜，岳学军，等 . 2013. 基于高光谱的柑橘叶片氮素含量多元回归分析 [J]. 农业工程学报，29（5）：132-138.

李粉玲，常庆瑞 . 2017. 基于连续统去除法的冬小麦叶片全氮含量估算 [J]. 农业机械学报，48（7）：174-179.

李鑫川，徐新刚，鲍艳松，等 . 2012. 基于分段方式选择敏感植被指数的冬小麦叶面积指数遥感反演 [J]. 中国农业科学，45（17）：3486-3496.

吕晓，殷红，蒋春姬，等 . 2016. 基于高光谱遥感的不同品种花生冠层叶面积指数的通用估算模型 [J]. 中国农业气象，37（6）：720-727.

王伟，彭彦昆，马伟，等 . 2010. 冬小麦叶绿素含量高光谱检测技术 [J]. 农业机械学报，41（5）：172-177.

夏天，吴文斌，周清波，周勇 . 2013. 冬小麦叶面积指数高光谱遥感反演方法对比 [J]. 农业工程学报，29（3）：139-147.

谢巧云，黄文江，蔡淑红，等 . 2014. 冬小麦叶面积指数遥感反演方法比较研究 [J]. 光谱学与光谱分析，34（5）：1352-1356.

辛明月，殷红，陈龙，等 . 2015. 不同生育期水稻叶面积指数的高光谱遥感估算模型 [J]. 中国农业气象，36（6）：762-768.

赵春江 . 2009. 精准农业研究与实践 [M]. 北京：科学出版社 .

赵娟，黄文江，张耀鸿，等 . 2013. 冬小麦不同生育时期叶面积指数反演方法 [J]. 光谱学与光谱分析，33（9）：2546-2552.

Anderson G L, Hanson J D, Haas R H. 1993. Evaluating Landsat Thematic Mapper derived vegetation indices for Estimating above-ground biomass on semiarid rangelands [J]. Remote Sensing of Environment,

45 (2): 165-175.

Eklundh L, Hall K, Eriksson H, et al. 2003. Investigating the use of Landsat thematic mapper data for estimation of forest leaf area index in southern Sweden [J]. Canadian Journal of Remote Sensing, 29 (3): 349-362.

Feng R, Zhang Y, Yu W, et al.2013.Analysis of the relationship between the spectral characteristics of maize canopy and leaf area index under drought stress [J]. Acta Ecologica Sinica, 33 (6): 301-307.

Gitelson A A, Kaufman Y J, Merzlyak M N. 1996. Use of a green channel in remote sensing of global vegetation from EOS-MODIS [J]. Remote Sensing of Environment, 58 (3): 289-298.

Gitelson A A, Merzlyak M N. 1996. Signature analysis of leaf reflectance spectra: Algorithm Development for Remote Sensing of chlorophyll [J]. Journal of Plant Physiology, 148 (s 3-4): 494-500.

Guo Binbin, Qi Shuangli, Heng Yarong, et al. 2017. Remotely assessing leaf N uptake in winter wheat based on canopy hyperspectral red-edge absorption [J]. European Journal of Agronomy, 82: 113-124.

Haboudane D, Miller J R, Pattey E, et al. 2004. Hyperspectral vegetation indices and novel algorithms for predicting green LAI of crop canopies: Modeling and validation in the context of precision agriculture [J]. Remote Sensing of Environment, 90 (3): 337-352.

He Yingbin, Zhou Yangfan, Cai Weimin, et al. 2017. Using a process-oriented methodology to preciselyevaluate temperature suitability for potato growth in   China using GIS [J]. Journal of Integrative Agriculture, 16 (07): 1520-1529.

Herrmann I, Pimstein A, Karnieli A, et al. 2011. LAI assessment of wheat and potato crops by VENμS and Sentinel-2 bands [J]. Remote Sensing of Environment, 115 (8): 2141-2151.

Hocking, R. R. 1976. The analysis and selection of variables in linear regression [J]. Biometrics, 32 (1): 1-49.

Houborg R, Boegh E. 2008. Mapping leaf chlorophyll and leaf area index using inverse and forward canopy reflectance modeling and SPOT reflectance data [J]. Remote Sensing of Environment, 112 (1): 186-202.

Huete A R. Huete, A. R. 1988. A soil-adjusted vegetation index (SAVI).

Remote Sensing of Environment [J]. Remote Sensing of Environment, 25 (3): 295-309.

Huete A, Justice C, Liu H. 1994. Development of vegetation and soil indices for MODIS-EOS [J]. Remote Sensing of Environment, 49 (3): 224-234.

Li Fei, Miao Yuxin, Feng Guohui, et al. 2014. Improving estimation of summer maize nitrogen status with red edge-based spectral vegetation indices [J]. Field Crops Research, 157 (2): 111-123.

Lin Du, Wei Gong, Shuo Shi, et al, 2016. Estimation of rice leaf nitrogen contents based on hyperspectral LIDAR [J]. International Journal of Applied Earth Observation and Geoinformation, 44: 136-143.

Liu Ke, Zhou Qingbo, WU Wen Bin, et al. 2016. Estimating the crop leaf area index using hyperspectral remote sensing [J]. Journal of Integrative Agriculture, 15 (2): 475-491.

Mannschatz T, Pflug B, Borg E, et al. 2014. Uncertainties of LAI estimation from satellite imaging due to atmospheric correction [J]. Remote Sensing of Environment, 153: 24-39.

Miller J R, Hare E W, Wu J. 1990. Quantitative characterization of the vegetation red edge reflectance. 1. An inverted-Gaussian reflectance model. [J]. International Journal of Remote Sensing, 11 (10): 1755-1773.

Richardson A J, Wiegand C L. 1977. Distinguishing Vegetation from Soil Background Information [J]. Photogrammetric Engineering & Remote Sensing, 43 (12): 1541-1552.

Thenkabail P S, Smith R B, Pauw E D. 2000. Hyperspectral vegetation indices and their relationships with agricultural crop characteristics. [J]. Remote Sensing of Environment, 71 (2): 158-182.

Tillack A, Clasen A, Kleinschmit B, et al. 2014. Estimation of the seasonal leaf area index in an alluvial forest using high - resolution satellite-based vegetation indices [J]. Remote Sensing of Environment, 141 (141): 52-63.

Walburg G, Bauer M E, Daughtry C S T, et al. 1981. Effects of nitrogen nutrition on the growth, yield, and reflectance characteristics of corn canopies Zea mays, remote sensing, Indiana. [J]. Agronomy Journal, 74 (4): 677-683.

Wang Wei, Ni Xinzhi, Kurt C L, et al. 2015. Feasibility of detecting Aflatoxin B1 in single maize kernels using hyperspectral imaging [J]. Journal of Food Engineering, 166: 182-192.

第五章　马铃薯荧光信息获取 与分析研究

第一节　叶绿素荧光信息获取研究进展

植物吸收的有效能量大部分用于光合作用或以热量形式耗散，只有3%~5%的能量以荧光的形式散发。荧光与光合作用密切相关，它包含丰富的光合作用信息，是快速、灵敏、适时和无损伤地探知植物生理状态及其与环境关系的理想探针（Rojo M C 等，2014）。叶绿素荧光在自然光照条件下发射量极少，难以捕捉。近年来，以激光诱导荧光为代表的主动荧光遥感技术迅速发展，通过消除背景光影响，叶绿素荧光仪的应用范围得以从条件可控的实验室推广至野外，从而广泛应用于植被胁迫研究。然而，激光诱导荧光与自然条件下光合作用中荧光的物理意义差别较大，且受限于测量条件难以大面积推广。由于太阳大气和地球大气的吸收，到达地表的太阳辐照度光谱中有许多宽度为 0.1~10 nm 的夫琅和费暗线（张永江，2006）。自然光条件下的植被冠层辐照度光谱既包括植被表观反射率光谱，也包括日光诱导荧光光谱。因此，可以通过夫琅和费暗线提取日光诱导荧光。目前，国内外相关研究主要集中在利用模型数据对比分析各种提取算法的精确性与稳定性方面（王冉等，2013；胡姣婵等，2015）。近来，随着亚纳米级光谱仪的出现，应用实测数据提取植被日光诱导荧光逐渐成为研究热点。而实测研究多采用单一方法提取一种或多种植物的日光诱导荧光强度（Damm A 等，2011；刘良云等，2006），基于多种植物的实测数据进行多种荧光提取算法对比的研究较少。

目前，提取日光诱导叶绿素荧光的常用方法主要包括 3 种：FLD（*Fraunhofer Line Discrimination*）、3FLD（*3 bands FLD*）、iFLD（improved FLD）。本研究首先利用 *FluorMOD* 模型对以上 3 种方法提取叶绿素的精度进行对比分析，然后基于田间实测玉米与马铃薯冠层辐照度数据，利用上述 3 种方法提取两种作物在 $O_2 - A$ 和 $O_2 - B$ 吸收线处的日光诱导荧光强度，并将提取结果与叶绿素荧光参数 $Y \, \mathrm{II}$ 做相关性分析，旨在验证 3 种方法提取荧光的适用性，为后续研究提供参考。

第二节 叶绿素荧光信息提取反演方法及结果

本研究采用夫琅和费暗线法提取日光诱导叶绿素荧光。该方法利用一个在夫琅和费线内的波段（λ_{in}）和一个（或多个）在夫琅和费线外的波段（λ_{out}）的表观辐亮度，基于一定的假设，估算自然光激发的荧光对"夫琅和费井"的填充程度，从而获取荧光信息（童庆禧等，2006）。夫琅和费暗线法主要包括以下 3 种类型：FLD、3FLD 与 iFLD。

一、FLD 法

FLD 算法利用夫琅和费线内外的各一个波段并假设 2 个波段足够邻近，具体计算公式为：

$$F_{in} = \frac{I_{out}L_{in} - I_{in}L_{out}}{I_{out} - I_{in}} \qquad \text{式（5-1）}$$

式中，I_{in} 和 I_{out} 分别代表夫琅和费暗线和相邻谱区的太阳辐照度，L_{in} 和 L_{out} 分别代表夫琅和费暗线和相邻谱区的植被辐照度。

二、3FLD 法

3FLD 法利用 3 个波段，即夫琅和费吸收线内的 1 个波段，吸收线左右两侧各 1 个波段进行荧光探测。假定荧光和反射率在很窄的波段范围内线性变化。具体反演算法如下：

$$\omega_{left} = \frac{(\lambda_{right} - \lambda_{in})}{(\lambda_{right} - \lambda_{left})} \qquad \text{式（5-2）}$$

$$\omega_{right} = \frac{(\lambda_{in} - \lambda_{left})}{(\lambda_{right} - \lambda_{left})} \qquad \text{式（5-3）}$$

$$I_{out} = \omega_{left} \times I_{left} + \omega_{right} \times I_{right} \qquad \text{式（5-4）}$$

$$I_{out} = \omega_{left} \times I_{left} + \omega_{right} \times L_{right} \qquad \text{式（5-5）}$$

三、iFLD 法

iFLD 算法需要 n 个夫琅和费线外的波段以及 1 个夫琅和费线内的波

段。假设吸收线内外的荧光值和反射率之间的关系可以用 α_r 和 α_F 表示，α_r 为吸收线外反射率和荧光强度的比值，α_F 为吸收线内反射率和荧光强度的比值。荧光使得表观反射率在吸收线处出现明显峰值。利用 3 次样条函数对吸收线附近波段进行插值。插值后的表观反射率与真实反射率形状一致，因此用插值后的表观反射率代替真实反射率求校正系数（Meroni M 等，2010）。计算公式如下：

$$\alpha_r = \frac{R_{out}^*}{R_{in}^{\sim}} \qquad 式（5-6）$$

式中，R_{out}^* 为吸收线外表观反射率，$R_{in}^{\sim}$ 为 3 次样条函数插值的吸收线内的表观反射率，I_{out} 为吸收线外的太阳辐照度，I_{in} 为 3 次样条函数插值的吸收线内的太阳辐照度，则吸收线内的荧光强度为：

$$F_{in} = \frac{I_{out}L_{in} \times \alpha_r - I_{in}L_{out}}{I_{out} \times \alpha_r - I_{in} \times \alpha_F} \qquad 式（5-7）$$

第三节 马铃薯叶绿素荧光提取方法验证

一、3 种夫琅和费暗线法提取叶绿素荧光精度分析

本研究基于 *FluorMOD* 模型得到温度、荧光量子效率、叶面积指数以及叶绿素含量变化时的相关数据，对比 3 种夫琅和费暗线法以及 3 种光谱指数法提取不同植被参数条件下荧光强度的准确度，并根据实际情况构造能准确描述荧光变化的光谱指数。

1. 数据模拟

本研究基于 *FluorMOD* 模型模拟不同植被参数，如温度、荧光量子效率、叶面积指数及叶绿素含量变化时的相关数据。模型的主要输入参数如表 5-1 所示。

表 5-1 *FluorMOD* 模型的主要输入参数

参数	含义	默认值	变化范围	单位
N	内部结构参数	1.5	1~3	—
C_{ab}	叶绿素 $a + b$ 含量	33	5~100	$\mu g/cm^2$
C_w	叶片等效水厚度	0.025	0~0.05	cm

（续表）

参数	含义	默认值	变化范围	单位
C_m	干物质含量	0.01	0.002~0.02	g/cm²
F_i	荧光量子效率	0.04	0~0.1	—
T	温度	20	5~25	℃
S	植被类型参数	2	1：蚕豆；2：豆；3：无花果属植物；4：番茄；5：豌豆	—
S_{to}	$PS\,II$ 到 $PS\,I$ 反应中心的化学计量	2	强光：约为 2；弱光：1.1	—

（1）温度。日光诱导荧光受多种环境因素影响。温度（T）与 PAR 是研究荧光日变化的关键因素。为进一步明确荧光产量的影响因素，基于模型模拟得到 15~25℃ 范围变化时的辐照度、反射率及荧光光谱等相关数据。

（2）荧光量子效率。在 $FluorMOD$ 模型中，荧光量子效率（F_i）的变化范围是 0~0.1，其中，0 代表无荧光，0.1 代表有 10% 的荧光。本研究在保持其他参数不变的前提下，得到 F_i 变化时相关数据。

（3）叶面积指数。叶面积指数（LAI）是重要的农学参数，是评价作物和预测产量预测的重要依据（高林等，2016）。利用 $FluorMOD$ 模型模拟 LAI 从 1.5~7.0 的相关数据。

（4）叶绿素含量。叶绿素（C_{ab}）是植被光合作用中最重要的色素，其含量与光合作用直接相关，对作物产量有很大的影响，被称为监测植物生长发育与营养状况的指示器（高林等，2016）。基于 $FluorMOD$ 模型模拟叶绿素含量 5~95μg/cm²，步长为 5 的相关曲线。在保持其他因素不变的前提下，研究叶绿素含量变化对于多种算法提取荧光强度的影响。

2. 波段设置

通过 $FluorMOD$ 模型能得到光谱分辨率为 1nm，波段范围为 400~1 000nm 的冠层光谱以及太阳大气光谱。通过目视解译确定基于夫琅和费暗线算法的两个吸收线的位置位于 687nm 和 760nm，具体波段选择见表 5-2。

表 5-2 夫琅和费暗线算法的波段设置

算法	O_2-B			O_2-A		
	线内波段（nm）	左肩波段（nm）	右肩波段（nm）	线内波段（nm）	左肩波段（nm）	右肩波段（nm）
FLD		686	—		758	—
3FLD	687	686	691	761	758	762
iFLD		681~685	690~695		753~759	762~768

3. 结果与分析

（1）不同温度变化。图 5-1 显示，荧光强度受温度影响。从整体上看，随着温度升高，O_2-A 和 O_2-B 波段的荧光强度递减。O_2-B 波段的荧光强度在 14~20W/m²/μm/sr 之间，O_2-A 波段的荧光强度处于 7~12 W/m²/μm/sr 之间，O_2-B 波段的荧光强度是 O_2-A 波段的 2 倍左右。O_2-B 处的荧光降低速率（$k_1=-0054$）小于 O_2-A 波段（$k_2=-0.0415$）荧光，说明 O_2-A 波段荧光强度对于温度变化比较敏感。

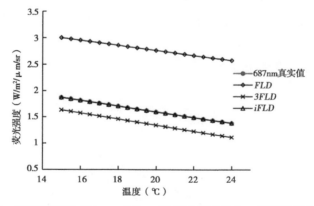

图 5-1 不同温度下 687nm、760nm 处荧光真实值与 3 种算法的估计值

如图 5-1 所示，O_2-B 波段上 FLD 算法提取的荧光强度远大于真实值（RMSE = 1990），3FLD 算法提取的荧光强度稍低于真实值（RMSE = 0.2559），而 iFLD 算法的提取结果与真实值较吻合（RMSE = 0.0056），其变化速率（$k_{iFLD}=-0.054$）与真实值的速率一致，能较为精确地提取荧光强度并准确表现出荧光变化趋势。

如图 5-2 所示，在 O_2-A 波段上，采用 FLD 算法提取的荧光强度值与真实值相差较多（RMSE = 0.4887），3FLD 算法（RMSE = 0.0121）

与 $iFLD$ 算法（ $RMSE = 0.000\ 2$ ）的反演结果与荧光强度真实值相近。两种算法的变化速率：$k_{3FLD} = k_{iFLD} = -0.041\ 5$，与真实值的变化速率相同，能够准确反映真实值的变化趋势。

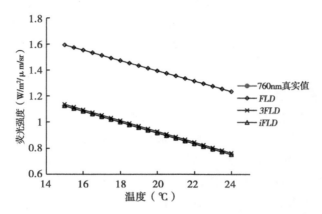

图 5-2　不同温度下 687nm、760nm 处荧光真实值与 3 种算法的估计值

（2）不同荧光量子效率。图 5-3 显示，荧光量子产率 F_i 会很大程度影响荧光强度（Dobrowski S Z 等，2005）。荧光量子效率为 0 时，荧光强度也为 0。随着荧光量子效率 F_i 值的增加，荧光强度值呈现线性增长的趋势，其中，$O_2 - B$ 波段的荧光增速（ $k_1 = 42.049$ ）大于 $O_2 - A$ 波段（ $k_2 = 24.124$ ）。

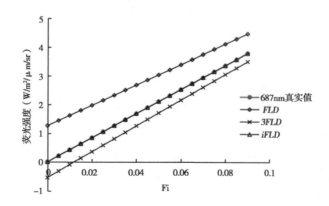

图 5-3　不同荧光量子效率下 687nm、760nm 处荧光真实值与 3 种算法的估计值

如图 5-3 所示，$O_2 - B$ 波段上 FLD 算法的提取结果依旧偏大（ $RMSE =$

1. 014 4），*3FLD* 算法结果总体上低于真实值（ *RMSE* = 0. 426 6）。*iFLD* 算法结果最贴近于真实值（ *RMSE* = 0. 009 9）。

如图 5-4 所示，$O_2 - A$ 波段上 *FLD* 算法的反演结果大于真实值（ *RMSE* = 0. 769 2），*3FLD* 算法稍大于真实值，*RMSE* 等于 0. 149 3，变化趋势与真实值相同（ $k_{3FLD} = k_2 = 24. 124$ ）。*iFLD* 算法结果与真实值相符合，*RMSE* = 0. 001 1。

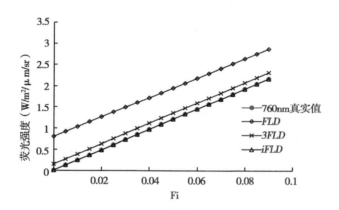

图 5-4 不同荧光量子效率下 687nm、760nm 处荧光真实值与 3 种算法的估计值

（3）不同叶面积指数。叶面积指数随着植物生长阶段、植被种类不同而不同。研究 *LAI* 变化下荧光强度变化规律，在一定程度上能够更好地认识不同植被、不同生育期荧光强度变化情况。随着 *LAI* 不断增加，两个吸收波段的荧光强度均缓慢增加，*LAI* 大于 5 时，荧光强度逐渐趋于稳定。$O_2 - B$ 波段荧光强度均大于 $O_2 - A$ 波段。

如图 5-5 所示，$O_2 - B$ 波段 *FLD* 算法反演结果仍然大于真实值（RMSE = 1. 825 6），且随着 *LAI* 增大而降低。3FLD 算法与 *FLD* 变化趋势相似，随 *LAI* 值增加而缓慢降低，提取结果的 RMSE 值为 0. 451 6。*LAI* 值小于 4. 5 时，3FLD 算法计算结果大于真实值；*LAI* 值大于 4. 5 时，*3FLD* 计算结果低于真实值，并逐渐趋于稳定。*iFLD* 算法结果与真实值吻合，RMSE = 0. 011 4，能够较好的模拟荧光变化趋势。

如图 5-6 所示，$O_2 - A$ 波段 FLD 算法提取结果随 *LAI* 增加逐渐偏离真实值，*RMSE* 值为 0. 406 7。*3FLD* 算法与 *iFLD* 算法的提取结果与真实值相近，*RMSE* 值分别为 0. 020 1 和 0. 000 5。

（4）不同叶绿素含量。随着叶绿素含量不断增加，687nm 处的荧光强度缓慢下降并逐渐趋于平缓，当叶绿素含量大于 $40\mu g/cm^2$ 后，荧光强度

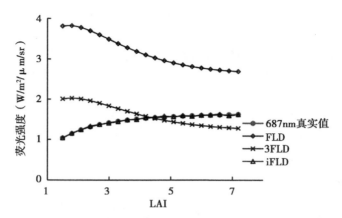

图 5-5　不同叶面积指数下 687nm、760nm 处荧光真实值与 3 种算法的估计值

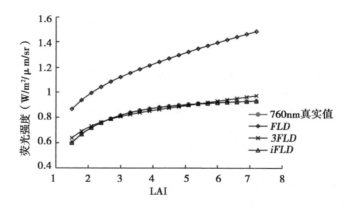

图 5-6　不同叶面积指数下 687nm、760nm 处荧光真实值与 3 种算法的估计值

稳定在 1.35W/m²/μm/sr；761nm 处的荧光强度随叶绿素含量增加而上升，并在 40μg/cm² 处逐渐趋于平缓，稳定在 0.98W/m²/μm/sr 左右。总体来看，687nm 处的荧光强度总是大于 761nm 处，荧光值是 761nm 处的 2 倍左右。

　　由图 5-7 所示，当叶绿素含量较低时，用 FLD 算法和 3FLD 算法提取 687nm 处的荧光强度，其结果偏差较大，RMSE 值分别为 1.936 7 和 0.569 0。FLD 算法会高估荧光强度值，并随叶绿素含量增加而降低，60μg/cm² 之后 FLD 算法的结果逐渐接近荧光强度的真实值；当叶绿素含量较低时，3FLD 算法低估荧光强度值；当叶绿素含量大于 45μg/cm² 后，接近真实值。

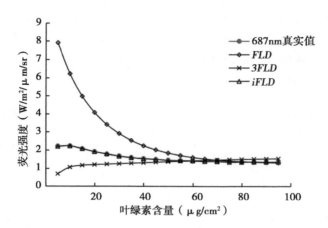

图 5-7 不同叶绿素含量下 687nm、760nm 处荧光真实值与 3 种算法的估计值

如图 5-8 所示，*FLD* 算法反演 761nm 处的荧光强度，荧光随叶绿素含量增加而增加，并逐渐偏离真实值，其 *RMSE* 值为 0.823 5。*3FLD* 与 *iFLD* 算法与真实值的变化趋势相近。*3FLD* 算法稍微偏离真实值，其 *RMSE* 值为 0.088 5。*iFLD* 算法与荧光真实值相近，提取结果的 RMSE 值最小，为 0.026 1。由于叶片叶绿素含量较高时，会对荧光发射量形成散射（Dobrowski S Z 等，2005）。因此，叶绿素含量较高时，荧光强度不再随着叶绿素含量增加而增加，而是趋于稳定。

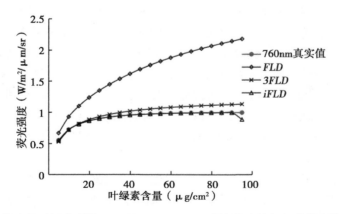

图 5-8 不同叶绿素含量下 687nm、760nm 处荧光真实值与 3 种算法的估计值

（5）光谱指数提取不同参数下的荧光强度。

①多种指数对比。对比分析比值指数、导数指数及植被生理指数 PRI，在不同植被参数变化的情况下提取荧光强度的能力。其中，比值指数选取 $R690/R600$、$R740/R800$、$R687/R630$；导数指数选取 $D705/D722$、$D730/D706$、$D702/D680$，以及植被生理反射指数 PRI。

表 5-3 叶面积指数（LAI）与叶绿素含量（C_{ab}）变化下多种光谱指数
与荧光真实值相关系数

光谱指数	LAI		C_{ab}	
	$O_2 - A$	$O_2 - B$	$O_2 - A$	$O_2 - B$
$R690/R600$	−0.931 **	−0.928 **	−0.812 **	0.636 **
$R740/R800$	−0.954 **	−0.952 **	0.954 **	−0.866 **
$R687/R630$	−0.888 **	−0.885 **	−0.924 **	0.788 **
PRI	0.963 **	0.961 **	−0.904 **	0.980 **
$D705/D722$	−0.994 **	−0.993 **	0.947 **	−0.992 **
$D730/D706$	−0.752 **	−0.748 **	0.996 **	−0.922 **
$D702/D680$	0.994 **	0.993 **	−0.988 **	0.938 **

$O_2 - B$ 波段与 $O_2 - A$ 波段的荧光强度值随 LAI 与叶绿素含量变化呈现出非线性变化的趋势。将多种植被指数反演得到的荧光强度与荧光真实值进行相关性分析，结果如表 5-3。总体上看，比值指数与真实值的相关性较低，多数呈现负相关；植物生理指数 PRI 反演两个吸收波段的荧光强度均与真实值显著相关，相关系数均大于 0.96，表明 PRI 可以作为反映荧光变化的指标；求导后会放大光谱上的细微差异，因此基于导数光谱构建的光谱指数，较比值指数与生理指数 PRI 而言，其与真实值的相关性较高。LAI 变化时的荧光强度值、$D702/D680$ 反演得到的荧光强度与两个吸收波段真实值均显著正相关，相关系数分别为 0.994 和 0.993；叶绿素含量变化时，利用 $D730/D706$ 反演的 $O_2 - A$ 波段的荧光强度值与真实值呈显著正相关，相关系数最高，达 0.996。

荧光强度值随荧光量子效率 F_i 与温度 T 的变化而呈现线性变化趋势。通过比较估计值的斜率与真实值斜率判断多种指数反映某一因素变动下荧光的变化趋势。如图 5-9 所示，当 F_i 增加时，$O_2 - A$ 与 $O_2 - B$ 两个波段的荧光强度真实值线性增加，$O_2 - B$ 的斜率为 0.210 2，$O_2 - A$ 的斜率为 0.120 6。$D702/D680$ 结果为非线性变化，与真实情况完全不符，其他光谱

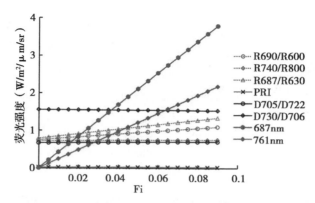

图5-9　荧光量子效率与温度变化下多种光谱指数的估计值与荧光真实值

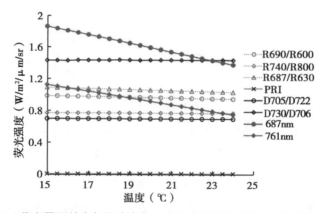

图5-10　荧光量子效率与温度变化下多种光谱指数的估计值与荧光真实值

指数呈线性变化，但均不能表现荧光强度变化的真正趋势，斜率值均小于0.1；如图5-10所示，当温度升高时，两个吸收波段的荧光强度增加，O_2-B 变化直线的斜率为 -0.054，O_2-A 变化直线的斜率为 -0.0415。$D702/D680$ 斜率为 0.1396，其他指数斜率为负数，斜率绝对值均小于0.04，与真实值的斜率相差甚远。因此，温度与荧光量子效率变化时，光谱指数不能准确地反映荧光强度的变化。

②新指数构建。叶绿素含量（C_{ab}）与叶面积指数（LAI）的变化会引起冠层荧光的非线性变化，通过构建新的植被指数能达到精准反映荧光强度变化的目的。对冠层反射率进行一阶导处理，将一阶导数光谱与荧光强度真实值进行相关性分析，得到相关性系数，如图5-11所示。根据相

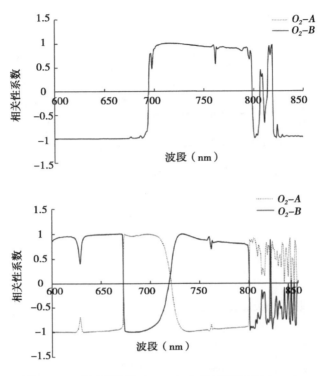

图 5-11   叶面积指数（*LAI*）与叶绿素含量（C_{ab}）
与荧光真实值的相关性系数

关性系数图选择荧光敏感波段构造新的植被指数。当 *LAI* 变化时，选择构建 D695/D705 作为新的指数，其反演结果与两个吸收波段均显著相关，相关系数达 0.998。相比已有的光谱指数，新构建的指数能够更好地反映由于叶绿素含量变化而导致的荧光强度变化；叶绿素含量（C_{ab}）变化时，选择构建 *D705/D721* 作为新指数，其相关系数可达 0.998。

4. 讨论

本研究基于 *FluorMOD* 模型模拟得到温度、荧光量子效率、叶面积指数及叶绿素含量变化时的相关数据，对比分析 3 种夫琅和费暗线法及 3 种光谱指数法提取不同植被参数条件下荧光强度的准确度，并根据实际情况构造能准确描述荧光变化的光谱指数。结果表明：①温度和荧光量子效率变化时，两个吸收波段的荧光强度呈现线性变化。叶面积指数与叶绿素含量变化时，两个吸收波段的荧光强度呈现非线性变化。②基于辐照度的 3

种算法中，*FLD* 算法会高估荧光强度值，*3FLD* 算法反演结果与真实值相近，*iFLD* 算法的反演结果最接近真实值。③基于光谱指数的 3 种方法中，反射率指数与荧光真实值相关性较低，植被生理指数 *PRI* 与叶绿素含量及叶面积指数变化条件下的荧光变化显著相关，相关性系数在 0.95 附近，导数指数与荧光强度显著相关。④分析导数光谱和荧光真实值的相关性系数曲线，得到能精确反演荧光强度的导数指数。进一步证明了导数光谱指数可以作为反映荧光变化的间接标志。

二、应用夫琅和费暗线法提取马铃薯与其他作物荧光强度对比分析

1. 数据获取

采用 USB2000+光谱仪（Ocean Optics，美国）测量辐照度光谱，光谱范围为 350～1 050nm，分辨率 1.7～2.1nm，采样间隔 0.44nm，信噪比 250：1。测量时应选择晴朗少云的天气，每隔半小时测一次。测量数据包括冠层辐照度与太阳辐照度。由于测量时两种作物均处于苗期，因此在光纤距离地物 1m 的条件下测量得到冠层辐照度光谱，以参考板反射的辐照度光谱作为太阳到达植被冠层的辐照度光谱。之后，采用 3 种算法分别提取马铃薯在 $O_2 - B$ 吸收线（687nm）和 $O_2 - A$ 吸收线（760nm）处的日光诱导叶绿素荧光强度。

利用 OS5p+激光脉冲调制型叶绿素荧光仪（Opti-Sciences，美国）测量叶绿素荧光参数。选取 5 片完全展开、新鲜的叶片，马铃薯一般取第四片复叶的顶小叶进行测量，测量时尽量不损坏叶片并在最短时间内完成。

2. 波段设置

太阳大气的 $O_2 - B$ 和 $O_2 - A$ 吸收线位于 687nm 和 760nm。结合仪器选择波段，具体如下：

表 5-4　3 种方法波段设置

算法	$O_2 - B$			$O_2 - A$		
	线内波段（nm）	左肩波段（nm）	右肩波段（nm）	线内波段（nm）	左肩波段（nm）	右肩波段（nm）
FLD		686.10	—		758.06	—
3FLD	687.33	685.68	688.98	760.87	758.06	762.08
iFLD		684.86～686.10	688.98～690.21		756.06～758.47	762.68～764.08

3. 结果与分析

利用马铃薯与玉米的辐照度光谱，采用3种方法计算 $O_2 - A$ 吸收线和 $O_2 - B$ 吸收线处两种作物的日光诱导荧光强度。图5-12展示了马铃薯和玉米在 $O_2 - A$ 吸收线和 $O_2 - B$ 吸收线处的荧光及光合有效辐射 PAR 的日变化。

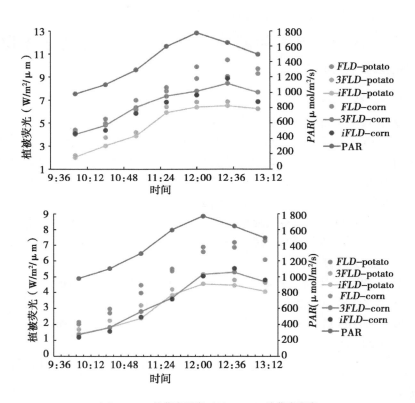

（a）$O_2 - B$ 处荧光强度 （b）$O_2 - A$ 处荧光强度

图 5-12　3种方法计算荧光结果与 PAR 日变化

图5-12显示，光合有效辐射 PAR 值随时间推进先增加后减小，于12：00达到最大值 1 700μmol/m²/s，之后缓慢下降。3种方法计算得到的两种作物在 $O_2 - A$ 与 $O_2 - B$ 处的荧光强度与 PAR 变化相似，呈现先增长后下降的变化趋势。不同算法得到的两种作物在不同吸收波段处的荧光强度存在差异。总体上，FLD 得到的叶绿素荧光强度高于其他两种算法，而 $3FLD$ 与 $iFLD$ 算法的结果相近。3种方法计算得到的玉米荧光强度总体上高于马铃薯荧光强度。

图 5-12a 表示光合有效辐射 *PAR* 的变化与通过 3 种算法得到的马铃薯与玉米在 $O_2 - B$ 吸收波段上的荧光强度。研究表明太阳光照强度会显著影响植被的荧光强度。为明确两者之间的关系，将计算结果与 *PAR* 进行相关性分析，结果显示：与其他两种方法相比较，*3FLD* 法得到的玉米荧光强度与 *PAR* 的相关性最显著，相关系数为 0.973；*iFLD* 法得出的马铃薯荧光强度与 *PAR* 的相关性最大，相关系数为 0.950。

与 $O_2 - B$ 处的荧光强度相比，$O_2 - A$ 处（如图 5-12b）的荧光强度较低。$O_2 - B$ 波段的荧光强度大致为 $5W/m^2/\mu m$，$O_2 - A$ 波段的荧光强度在 $3W/m^2/\mu m$ 左右。*3FLD* 法提取的玉米荧光强度与 *PAR* 的相关性最大，相关系数为 0.976；*iFLD* 法得到的马铃薯荧光强度与 *PAR* 的相关性最大，相关系数为 0.944。在 $O_2 - A$ 吸收波段上，提取的两种作物荧光强度差别不大，而在 $O_2 - B$ 处玉米的荧光强度明显大于马铃薯。其主要原因可能是由于马铃薯属于 C3 植物，而玉米属于 C4 植物。与 C3 植物相比，C4 植物大大提高了固定二氧化碳的能力，更能适应高温、强光照、干旱条件的生存环境。因此，在适宜温度和正常的二氧化碳供应下玉米的光合速率大于马铃薯。

调制型叶绿素荧光仪能够测定暗适应条件下的叶绿素荧光参数及光下荧光参数。其中 Y（Ⅱ）值能够反映植物目前的实际光合效率。*PAR* 的日变化是维持植物光合机构内不同组分响应和适应环境的一种平衡能力的反映，叶绿素荧光参数则反映光合机构内一系列重要的适应调节过程（张永江等，2006）。利用植被荧光强度与 *PAR* 的统计关系可以检验利用夫琅和费暗线方法计算荧光的可靠性。将测得的马铃薯 Y（Ⅱ）与 *iFLD* 法计算所得的相对荧光强度进行相关性分析，将玉米 Y（Ⅱ）与 *3FLD* 法计算所得的相对荧光强度进行相关性分析，结果如图 5-13。图 5-13 表明，叶绿素荧光参数 Y（Ⅱ）与提取算法反演马铃薯和玉米的相对叶绿素荧光强度之间呈显著负相关，复相关系数达 0.70~0.85。从而进一步证明了通过夫琅和费暗线法可以提取不同作物日光下的叶绿素荧光含量。

4. 讨论

本研究通过实测马铃薯与玉米的冠层辐照度光谱及太阳辐照度光谱，比较分析了 3 种夫琅和费暗线法提取不同作物荧光强度的能力，并与调制型叶绿素荧光仪所测得的叶绿素荧光参数进行相关性分析，得到以下结论：①3 种方法提取马铃薯与玉米荧光强度的日变化与 *PAR* 值显著相关，对于马铃薯，*iFLD* 法的提取结果与 *PAR* 相关性较高，对于玉米，*3FLD* 法的提取结果与 *PAR* 相关性较高；②*FLD* 法高估两种作物的荧光值，*3FLD*

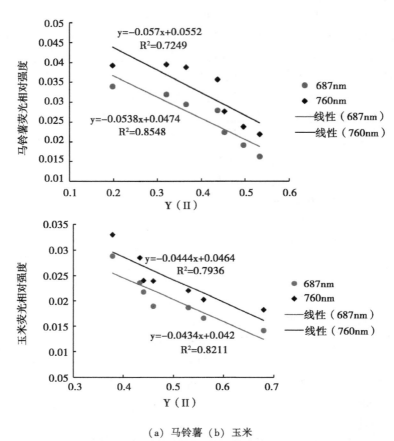

（a）马铃薯 （b）玉米

图 5-13　荧光相对强度与叶绿素荧光参数 Y（Ⅱ）相关性分析

与 *iFLD* 的结果更接近真实值，比较稳定；③马铃薯与玉米的相对荧光强度与叶绿素荧光参数 Y（Ⅱ）显著相关。

参考文献

高林，杨贵军，于海洋，等 . 2016. 基于无人机高光谱遥感的冬小麦叶面积指数反演［J］. 农业工程学报，32（22）：113-120.

胡姣婵，刘良云，刘新杰 . 2015. FluorMOD 模拟叶绿素荧光夫琅和费暗线反演算法不确定性分析［J］. 遥感学报，19（4）：594-608

刘良云，张永江，王纪华，等. 2006. 利用夫琅和费暗线探测自然光条件下的植被光合作用荧光研究 [J]. 遥感学报，(1)：130-137.

童庆禧，张兵，郑兰芬. 2006. 高光谱遥感的多学科应用 [M]. 电子工业出版社.

王冉，刘志刚，冯海宽，等. 2013. 基于近地面高光谱影像的冬小麦日光诱导叶绿素荧光提取与分析 [J]. 光谱学与光谱分析，33 (9)：2451-2454.

王冉，刘志刚，杨沛琦. 2012. 植物日光诱导叶绿素荧光的遥感原理及研究进展 [J]. 地球科学进展，27 (11)：1221-1228.

张永江. 2006. 植物叶绿素荧光被动遥感探测及应用研究 [D]. 浙江大学.

Damm A, Erler A, Hillen W, et al. 2011. Modeling the impact of spectral sensor configurations on the FLD retrieval accuracy of sun-induced chlorophyll fluorescence [J]. Remote Sensing of Environment, 115 (8): 1882-1892.

Damm A, Guanter L, Paul-Limoges E, et al. 2015. Far-red sun-induced chlorophyll fluorescence shows ecosystem-specific relationships to gross primary production: An assessment based on observational and modeling approaches [J]. Remote Sensing of Environment, 166: 91-105.

Dobrowski S Z, Pushnik J C, Zarco-Tejada P J, et al. 2005. Simple reflectance indices track heat and water stress-induced changes in steady-state chlorophyll fluorescence at the canopy scale [J]. Remote Sensing of Environment, 97 (3): 403-414.

Liu L, Liu X, Hu J, et al. 2017. Assessing the wavelength-dependent ability of solar-induced chlorophyll fluorescence to estimate the GPP of winter wheat at the canopy level [J]. International Journal of Remote Sensing, 38 (15): 4396-4417.

Meroni M, Busetto L, Colombo R, et al. 2010. Performance of Spectral Fitting Methods for vegetation fluorescence quantification. [J]. Remote Sensing of Environment, 114 (2): 363-374.

Ni Z, Liu Z, Huo H, et al. 2015. Early Water Stress Detection Using Leaf-Level Measurements of Chlorophyll Fluorescence and Temperature Data [J]. Remote Sensing, 7 (3): 3232-3249.

Rojo M C, López F N A, Lerena M C, et al. 2014. Effects of pH and sugar concentration in Zygosaccharomyces rouxii, growth and time for spoilage in concentrated grape juice at isothermal and non-isothermal conditions [J]. Food Microbiology, 38 (4): 143.

Zarco-Tejada, P. J, Morales, A, Testi, L, Villalobos, F. 2013. Spatio-temporal patterns of chlorophyll fluorescence and physiological and structural indices acquired from hyperspectral imagery as compared with carbon fluxes measured with eddy covariance. Remote Sensing. Environ. 133, 102-115.

第六章 马铃薯空间分布信息提取

我国地域广阔，人口众多，是全球最主要的粮食生产与消费国之一。在人口数量不断增长、耕地总面积有限的背景下，如何提高我国粮食产量与品质水平已成为政府部门和学术界共同关注的重要议题。由于三大传统粮食作物增产空间有限，马铃薯以其适应性广、耐寒耐贫瘠、单产提升空间大等优势，在保障我国粮食安全、缓解资源环境压力体系中发挥着越来越重要的作用（王秀丽等，2016）。近年来，我国马铃薯生产增长迅速，逐步成为世界上最大的马铃薯生产国。因此，精准监测马铃薯种植面积已成稳定马铃薯主粮化政策、维护国家粮食安全的必要保证。

早期获取作物种植面积信息的主要渠道是实地调查。这种方法工作量大、时效性较低、耗费大量时间与金钱，且调查精度会受到人为因素影响（燕荣江等，2010；森巴提等，2014）。20 世纪 60 年代，遥感空间信息技术的发展为作物种植面积、种类等数据获取提供了新的研究方法，这种方法主要基于不同作物在遥感数据上呈现的光谱、物候和空间特征的差异实现信息挖掘（Hatt M 等，2009；Peña-Barragán J M 等，2011；Van Niel T G 等，2004；Hartfield K A 等，2013）。美国普渡大学率先选用遥感数据进行单一玉米作物的种植面积监测（唐华俊等，2010）。20 世纪 80 年代，Prasad 等（2006）在国内首次提出运用遥感手段进行作物估产。实践证明基于遥感手段的作物种植面积获取方法在农作物估产、精准农业等方面可以发挥重要作用，带来良好的社会经济效益（Conţiu Ş 等，2016）。

然而，利用遥感图像识别分类技术提取作物种植分布信息的研究主要针对玉米、水稻等作物，对马铃薯的此类研究相对较少。鉴于此，本研究尝试运用两种不同的遥感图像识别分类方法对马铃薯空间分布进行研究，以期能够推动马铃薯遥感动态监测的进一步发展，为保障国家粮食安全、维护生态环境安全提供科学支撑。

第一节　基于 BP 神经网络方法的马铃薯空间分布信息提取

一、基于 BP 神经网络方法的作物识别研究进展

传统的遥感作物种植面积获取方法虽具有一定的现实意义，但经常受到人为或地表环境因素限制，即使改进方法，分类精度有时也难以达到要求。近年来，人工神经网络智能分类方法成为研究热点（方惠敏等，2007；彭光雄等，2009）。

1. 国外研究现状

追溯至 20 世纪 40 年代，数学家 W. Pitts 和心理学家 W. S McCulloch 共同提出了 *MP*（McCulloch-Pitts）模型，这是世界上第一个用逻辑语言模拟人脑功能的数学模型。20 世纪 50 年代末由 Widrow 和 Hoff 提出的线性神经网络是早期经典神经网络的代表方法。1981 年，芬兰的 Kohonen T 教授基于自组织图理论，提出了自组织特征映射神经网络（Self-Organizing Feature Maps，SOFM）。1982 年，Hopfield（1982）通过引入含有对称突触连接的反馈网络，打破了神经网络只可以解决线性问题的局限性。

发展至 1986 年，Rumelhart 等（1986）以多层神经网络模型（*MLP*）为依据，创立了多层神经网络模型的反向传播学习算法——BP（Back Propagation）算法，这是在通用的多层感知器中进行训练的新算法，迎来了人工神经网络研究与应用的新发展时期。BP 人工神经网络算法通过计算机模拟人类学习过程，创建输入信息与输出信息间的关系。因此，该神经网络遥感分类器引起了学者的重视。

Giulio Binetti 等（2017）以意大利福贾和巴里的四种橄榄树为研究对象，将近红外光谱数据与 merceological 数据结合，选用 *BP* 神经网络方法对树木连续两年生长期进行分类，精度均在 99.5% 以上。除了将传统的光谱数据作为输入信息外，考虑到不同分割尺度对于分类精度也有重要影响（Binetti G 等，2017；张焕雪等，2015），因此空间特征也被加入到 *BP* 神经网络获取农作物种植面积的输入数据中（Satir O 等，2016；Jayanth J 等，2015），辅助光谱特征和作物物候特征，抑制"同物异谱"现象（贾坤等，2013；Patil A，2013）。Chellasamy 等（2016）选用 worldview-2 卫星数据，结合作物纹理特征，运用 *BP* 神经网络算法，提取出丹麦作物的

种植区域，为政府作物种植多样性补贴提供了科学依据。

2. 国内研究现状

在国外 BP 神经网络研究如火如荼进行时，国内的研究也方兴未艾。

彭光雄等（2009）选用 *BP* 神经网络法，基于多时相的遥感影像提取云南省弥勒县境内竹园坝地区的甘蔗和玉米种植区，*Kappa* 系数为 0.635。方惠敏等（2007）以国家农业科学数据中心数据库为样本数据，运用 *BP* 神经网络获取试验区内玉米种植面积，并以此建立预测玉米区域测试产量模型。

由于光谱分辨率、空间分辨率、时间分辨率不同，各类遥感数据在农作物空间信息获取中具有不同的适用范围与缺陷，任何单一遥感数据源都无法全面反映农作物的特性（Witharana C 等，2014）：如光学传感器数据能反映地物光谱特征，但易受天气条件限制，从而影响获取数据的质量且增加数据获取的难度；然而微波传感器利用微波的穿透性与地物相互作用可以全天时、全天候获取数据（Andújar D 等，2013；Prasad S 等，2013）；因此将两者结合作为 BP 神经网络的输入数据便能获得高精度的分类结果。贾坤等（2011）将环境卫星数据与 ASARVV 极化后向散射数据融合，选用 BP 神经网络法识别小麦及玉米，比只依据环境卫星数据的分类精度提升 5 个百分点。

此外，由于单一时相的反射率数据只能捕捉到农作物某一时刻的电磁波谱特征，典型卫星多光谱图像的光谱分辨率和带宽辨别能力有限（Esch T 等，2014；Thenkabail P S 等，2008），很难达到理想的分类精度；考虑到红光和近红外波段作物反演信息敏感的特点（Asgarian A 等，2016；Gerstmann H 等，2016），许多科学家利用多时相的遥感数据构建时间序列植被指数，利用作物识别关键节点的植被指数构建阈值范围，提高 *BP* 神经网络分类能力，改善分类精度（Zheng B 等，2012）。熊勤学等（2009）选取 MODIS 的 NDVI 时序曲线进行分析，采用 BP 神经网络法进行分类，准确提取出湖北省江陵区中稻、晚稻、棉花 3 种作物类型。田振坤等（2013）将 *ADC Air* 冠层测量相机搭载在无人机上，基于冬小麦整个生育期波谱特征和 *NDVI* 变化阈值，选用 2011 年 4 月 3 日至 2011 年 11 月 13 日的测量数据，应用神经网络模型进行分类的正确率高达 93.97%；陈颖姝等（2014）以湖北省监利县为研究区域，采用空间分辨率较高的 Landsat-8 影像和时间分辨率较高的中分辨率 MODIS 数据，建立作物的归一化植被指数时间序列曲线，并采用改进后的 Savitzky-Golay 滤波器对曲线进行平滑处理，使用 BP 神经网络模型获取作物种植面积信息。

二、研究区域及研究方法介绍

1. 研究区域

本研究选择吉林省长春市九台区纪家镇、兴隆镇为研究区域。纪家镇、兴隆镇位于吉林省中部，长春市东北部，九台区西北部，区域范围位于东经 125°34′50″～125°47′50″，北纬 44°5′12″～44°24′34″。面积为369km²，人口约为767万。研究区地处北半球中纬度位置附近，气候属温带季风性气候，位于长白山与松辽平原过渡地带，吉林长春两大核心城市之间的交通走廊位置。纪家镇、兴隆镇西、北与德惠市毗连，东接九台区苇子沟镇，南连九台区龙嘉堡镇。

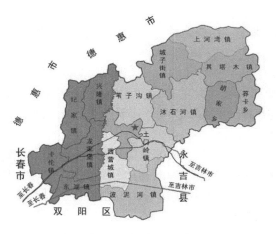

图6-1 研究区位置

（1）自然特征。气候特点：纪家镇、兴隆镇地处吉林省中部的松辽平原，位置属于北方季风区中温带半湿润地区。春季雨量较少、多风干燥；夏季空气潮湿、炎热多雨；秋季凉爽、昼夜温差大；冬季严寒漫长、降雪充沛。属中温带大陆季风性气候，气候宜人、雨热同期、四季分明。

地形地貌：由于地势差异，纪家镇、兴隆镇的地形主要包括低山丘陵和平原两大类别。研究区内大小山脉丘陵，均属长白山系哈达岭山脉。研究区内主要江河及其大小支流，随着地势走向，均由南向北，流入德惠市境内。

土地资源：纪家镇、兴隆镇土地资源较为丰富，多为肥沃的黑土地带。面积369km²，其中耕地面积293km²（占土地总面积的79.38%）。研究区土壤类型共包括 9 个类别，主要耕种土壤为黑土，土层较深，一般为 0.5m 左右。

（2）经济社会概况。2017 年，纪家镇、兴隆镇所在九台区地区生产总值为 484 亿元，较上年增长 86%；工业总产值达 820 亿元，同比增加 12%；城镇居民人均可支配收入约为 23 050 元，增长 8%，农村居民人均纯收入约为 13 750 元，增长 10%。近年来，纪家镇、兴隆镇的人均国民生产总值及其增速保持省市县域前列，跻身全省县域经济发展第一方阵。

通过产业结构优化与比例调整，区域内农业、工业主导地位更加稳固，随着农业供给侧结构性改革稳步推进，现代服务业逐步成为引领当地经济长足发展的新力量。

（3）作物种植概况。纪家镇、兴隆镇境内盛产马铃薯、玉米和水稻，作物熟制大多为一年一熟。围绕"走具有当地特色的现代农业发展之路，率先实现农业现代化"的目标，纪家镇、兴隆镇倾力发展现代农业，主要粮食综合机械化水平达到 87%。该地区正在稳步成为国家重点商品粮基地、出口基地和长春地区重要的农副产品集散地之一。

我国地域幅员辽阔、自然条件各异，马铃薯栽培遍及全国，在千差万别的自然条件下，各地区通过长期的生产实践，形成了与当地自然特点和生产条件相适应的栽种类型，从而形成了不同的栽培区。纪家镇、兴隆镇的无霜期在 170d 之内，年平均气温未超过 10℃，最热月份的温度也较少超过 24℃，无论是种薯生产还是商品薯生产，均为一年一季，故属于北方一作区（滕宗璠等，1989）。

区域内马铃薯属于春播秋收的夏作类型，栽种方式多为垄作，一般是 4 月中下旬至 5 月份播种，秋季 9 月或 10 月上旬收获。适合于本区域种植的马铃薯应以中晚熟为主，休眠期长，耐贮性强，抗逆性强，丰产性好的品种为主。

2. 研究方法

（1）人工神经网络的概念。人工神经网络（Artificial Neural Networks, ANN）是人工建立的以有向图为拓扑结构，并通过响应连续或断续的输入状态进行信息处理的动态系统。它实质上是一种简化的人体神经系统数学模型，又称并行分布处理模型或连接机制模型，是指对人类大脑的结构进行抽象，模拟其功能而构成的一种由大量人工神经元连接而成的信息处理系统或计算机系统。它具有与人工智能类似的特点，具有结构与处理并行性的特点以及强大的非线性逼近特性；同时通过训练可以具备自主学习、自动适应、分布储存、理想记忆、较高容错性等能力。因此，该方法适用于兼顾多种因素，数量巨大的非线性数据处理问题。

人工神经网络的基本单元是神经元，研究抽象出的数学模型一般采用心理学家 McCullach 和数学家 Pitts 共同合作提出的一维模型，该单个神经元的模型结构如图 6-2 所示。

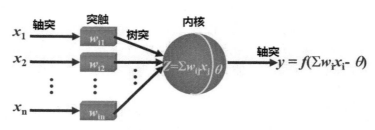

图 6-2　神经元模型

（2）主要神经网络类型。神经网络的发展历程波澜曲折。神经网络于 20 世纪 40 年代被提出，由数学家 W. Pitts 和神经元解剖学家 W. S McCulloch 共同提出的 *MP* 模型是第一个采用逻辑语言模拟人脑的数学模型（Ion S，1973）。由 Widrow 和 Hoff 在 20 世纪 50 年代末提出的线性神经网络是早期典型的神经网络方法的代表，由于它具有自适应学习功能，因此在信号处理、模式识别等方面受到了广泛关注与实践应用（Widrow B 等，1960）。

但是这种明朗乐观的研究状况并未持续很久，到了 1969 年，Minsky 和 Papert 在合著的《*Perception*》一书中从数学角度证明单层感知器处理能力有限，无法解决简单的"异或"逻辑关系等非线性问题（Minsky M 等，1988）。自此，神经网络的研究进入萧条阶段，但这段时间科研人员并未停止相关研究。1981 年，芬兰的 Kohonen T 教授基于自组织图理论，提出了自组织特征映射神经网络。

1982 年，Hopfield 引入了含有对称突触连接的反馈网络，打破了神经网络只可以解决线性问题的局限性（Hopfield J J 等，1982）。1986 年，Rumelhart 等人在多层神经网络模型（*MLP*）的基础上，提出了多层神经网络模型的反向传播学习算法——BP 算法（Rumelhart D 等，1986），即在通用的多层感知器中进行训练的算法，有力回击了 Minsky 等人的质疑。1988 年，Broom 和 Lowe 使用径向基函数（Radial Basis Function，RBF）设计出多层前馈网络（Broomhead D S 等，1988）。

如今有关神经网络的研究进入高速发展时期，随机神经网络、模糊神经网络、卷积神经网络等各种方法层出不穷。

人工神经网络具有强大的模式识别和数据拟合能力，不同类型的神经网络所选用的网络模型与学习机制各不相同，现将几种常见的神经网络模型进行简单介绍。

①线性神经网络。由 Widrow 和 Hoff 提出的线性神经网络是早期典型的神经网络代表方法。线性神经网络算法实现简单，采用 *LMS（Least Mean Square）* 算法调整网络的权值和偏置。算法的实现步骤是：在进行训练前必须形成一个对应的训练样本集，对于每个输入的向量，通过神经网络计算对应输出向量，再计算出该输出向量与对应目标输入向量的误差，以此对神经网络的权值和阈值进行调整，使误差逐渐减小。

线性神经网络相比传统分类方法的优势在于具有自身学习能力，可以进行网络训练。但其线性运算规则决定该网络只能解决线性可分问题，因此主要应用于文字识别、声音识别和趋势预测（李伟等，2014），不能用于识别复杂字符和输入模式的大小及拓扑结构（Conrad C 等，2016）。

②自组织特征映射神经网络。1981 年芬兰学者 Teuvo Kohonen 提出自组织映射理论，由此采用竞争学习思想的自组织特征映射神经网络兴起。*SOFM* 网络模拟人脑自组织功能，采用"胜者为王"的竞争学习算法，自动形成一种内部表达输出模式。与先前提出的感知器不同，作为一类无导师学习网络，*SOFM* 除进行样本识别外，还能够识别输入向量的拓扑结构。

自组织特征映射神经网络操作简单、解决实际问题能力强、网络仿真输出效果好，但该方法需要用代表每一类别的样本数据训练网络才能达到对样本分类的目的（Gong D 等，2011；王金亮等，2006）。这种非监督学习算法，导致在实际应用时操作效能一般。同时在整体网络中，某些神经元由于初始值偏离样本，无论训练多久都无法成为获胜神经元。对于解决这类"死神经元"问题还需要进一步探讨。

③反馈神经网络。1982 年，美国生物物理学家 Hopfield 提出反馈神经网络的概念。反馈神经网络中 Hopfield 网络应用最为广泛，因为这种网络模型首次引入网络能量函数的概念，并给出网络稳定性的判定依据。

Hopfield 神经网络模型属于非线性元件构成的全连接型单层反馈系统，从输出到输入有反馈连接。分类过程中，Hopfield 网络在输入信息的激励下，会引起状态的不断变化。当有输入数据后，可以求出 Hopfield 的输出，这个输出反馈到输入从而产生新的输出，以保证反馈过程持续不断进行下去。一般而言 Hopfield 网络包括离散型和连续型两类。

Hopfield 网络的最优计算功能引人注目，但对于反馈神经网络而言，网络的稳定性起着关键作用，实际应用中并不是所有的反馈网络都能稳定收敛。在离散 Hopfield 网络中，由于输出值只能取二值化的值，因此不会出现无穷大的情况，此时网络出现有限幅度的自持震荡，在有限个状态中反复循环，成为有限环网络。此外系统也可能在无限个状态之间变化，但轨迹并不发散到无穷远，收敛于一个不稳定的状态，形成"混沌"现象。这些问题都需要进一步研究解决。

④径向基函数神经网络。1988 年，Broomhead 和 Lowe 设计了多层前馈径向基函数神经网络。*RBF* 神经网络是由单隐层组成的前馈型神经网络，主要包括输入层、隐含层和输出层三部分，网络的学习过程包含两个部分：采用非监督聚类方法确定隐含层中心与宽度参数，选择训练样本训练隐含层与输出层间的连接权值。整个径向基函数神经网络算法的精度和稳定性都依赖于隐含层核函数中心与宽度的合理选择（刘传文，2005）。

径向基函数神经网络是一类非常有效的多层前馈网络，网络结构简单、算法简便、运算速度快，具有较强的非线性映射能力和最佳逼近性能。

⑤BP 神经网络模型。20 世纪 60 年代末，研究人员发现了感知机的功能和处理能力的局限性，发展至 1986 年，Rumelhart 等人在多层神经网络模型的基础上，创造了多层神经网络模型的反向传播学习算法——BP 算法，实现了先前研究人员的多层网络设想。

a. BP 神经网络的结构。常规的 BP 神经网络模型结构（图 6-3）包括输入层、隐层和输出层三部分，需要注意的一点是输入层和输出层只能为一个，而隐层数量则需要根据实际情况而定。

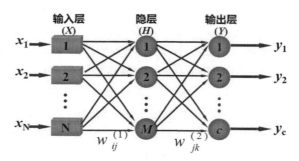

图 6-3　BP 神经网络结构

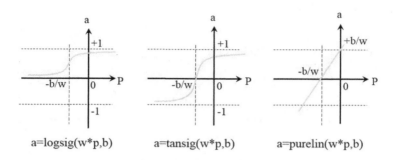

图 6-4　BP 神经网络隐层传递函数

b. BP 神经网络信息传递过程。如图 6-5 所示，BP 神经网络属于前向网模型：其中 X 层为输入层；Y 层为输出层；H 层为隐层；两层可调节权重参数：$W_{ij}^{(1)}$、$W_{ij}^{(2)}$。

设输入层的输入为 $(X_1,\ X_2,\ \cdots,\ X_n)$，其中 X_i 为第 i 个输入。

首先考察隐层，设隐层神经元的激活函数为 φ。第 j 个隐层神经元的输入值为 a_j，输出值为 h_j（θ 为阈值 $= W_{0j}$）：

$$a_j = \sum_{i=1}^{N} W_{ij}^{(1)} X_i - \theta_j^{(1)} = \sum_{i=0}^{N} W_{ij}^{(1)} X_i \qquad \text{式（6-1）}$$

$$h_j = \varphi(a_j) \quad j = 1,\ 2,\ \cdots,\ M \qquad \text{式（6-2）}$$

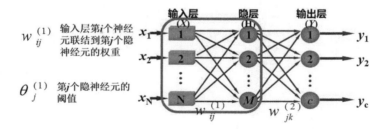

图 6-5　BP 神经网络信息由输入层传递至隐层过程

同样考察输出层，设输出层神经元的激活函数为 f。第 k 个输出神经元的输入值为 b_k、输出值为 y_k（θ 为阈值 $= W_{0k}$）。

则：

$$b_k = \sum_{j=1}^{M} W_{jk}^{(2)} h_j - \theta_k^{(2)} = \sum_{i=0}^{M} W_{jk}^{(2)} h_j \qquad \text{式（6-3）}$$

$$y_k = f(b_k) \quad k = 1,\ 2,\ \cdots,\ c \qquad \text{式（6-4）}$$

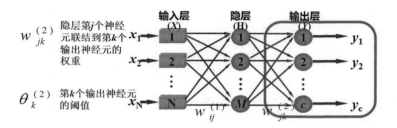

图 6-6　BP 神经网络信息由隐层传递至输出层过程

联合得到双层前向网的输出表达式：

$$y_k = f\left\{ \sum_{j=1}^{M} W_{jk}^{(2)} \cdot \varphi\left(\sum_{i=1}^{N} W_{ij}^{(1)} \cdot X_i - \theta_j^{(1)} \right) - \theta_k^{(2)} \right\}$$

$$= f\left\{ \sum_{j=0}^{M} W_{jk}^{(2)} \cdot \varphi\left(\sum_{i=0}^{N} W_{ij}^{(1)} \cdot X_i \right) \right\} \qquad k = 1, 2, \cdots, c \qquad 式（6-5）$$

设定误差函数为：

$$E = \frac{1}{2} \sum_{k=1}^{c} (E^k)^2 \qquad\qquad 式（6-6）$$

$$E^k = t_k - y_k \qquad\qquad 式（6-7）$$

已知下列记号：

$$a_j = \sum_{i=1}^{N} W_{ij}^{(1)} X_i - \theta_j^{(1)} = \sum_{i=0}^{N} W_{ij}^{(1)} X_i \qquad 式（6-8）$$

$$h_j = \varphi(a_j)\ j = 1, 2, \cdots, M \qquad 式（6-9）$$

$$b_k = \sum_{j=1}^{M} W_{jk}^{(2)} h_j - \theta_k^{(2)} = \sum_{i=0}^{M} W_{jk}^{(2)} h_j \qquad 式（6-10）$$

$$y_k = f(b_k) \qquad k = 1, 2, \cdots, c \qquad 式（6-11）$$

则：

（1）$\dfrac{\partial E}{\partial E^k} = \dfrac{\partial\ \dfrac{1}{2} \sum_{k=1}^{c} (E^k)^2}{\partial E^k} = E^k$

（2）$\dfrac{\partial E^k}{\partial y_k} = -1$

（3）$\dfrac{\partial y_k}{\partial b_k} = f(b_k)$

（4）$\dfrac{\partial b_k}{\partial W_{jk}^{(2)}} = h_j$

(5) $\dfrac{\partial \, b_k}{\partial \, h_j} = W_{jk}^{(2)}$

(6) $\dfrac{\partial \, h_i}{\partial \, a_j} = \varphi^{'}(b_k)$

(7) $\dfrac{\partial \, a_j}{\partial \, W_{ij}^{(1)}} = x_i$

又定义第 k 个输出神经元和第 j 个隐层神经元的误差率为：

$$\delta_k = \dfrac{\partial \, E}{\partial \, b_k} \quad k = 1, \, 2, \, \cdots, \, c \quad \text{输入层误差率} \quad \text{式（6-12）}$$

$$\delta_j = \dfrac{\partial \, E}{\partial \, a_j} \quad j = 1, \, 2, \, \cdots, \, M \quad \text{隐层误差率} \quad \text{式（6-13）}$$

输入层误差率：

$$\delta_k^{(2)} = \dfrac{\partial \, E}{\partial \, b_k} = \dfrac{\partial \, E}{\partial \, E^k} \cdot \dfrac{\partial \, E^k}{\partial \, y_k} \cdot \dfrac{\partial \, y_k}{\partial \, b_k} = -E^k \cdot f^{'}(b_k)$$

隐层输出对于 E 的影响通过对输出层净输入的影响来计算，即：

$$\dfrac{\partial \, E}{\partial \, h_j} = \sum_{k=1}^{c} \dfrac{\partial \, E}{\partial \, b_k} \cdot \dfrac{\partial \, b_k}{\partial \, h_j} = \sum_{k=1}^{c} \dfrac{\partial \, E}{\partial \, E^k} \cdot \dfrac{\partial \, E^k}{\partial \, y_k} \cdot \dfrac{\partial \, y_k}{\partial \, b_k} \cdot \dfrac{\partial \, b_k}{\partial \, h_j}$$

隐层误差率：

$$\delta_j^{(1)} = \dfrac{\partial \, E}{\partial \, a_j} = \sum_{k=1}^{c} \dfrac{\partial \, E}{\partial \, E^k} \cdot \dfrac{\partial \, E^k}{\partial \, y_k} \cdot \dfrac{\partial \, y_k}{\partial \, b_k} \cdot \dfrac{\partial \, b_k}{\partial \, h_j} \cdot \dfrac{\partial \, h_j}{\partial \, a_j} = \varphi^{'}(a_j) \sum_{k=1}^{c} W_{jk}^{(2)} \cdot \delta_k^{(2)}$$

因此取步长因子为固定步长 η，得到学习规则：

$$\Delta W_{jk}^{(2)} = -\eta \cdot \dfrac{\partial \, E}{\partial \, W_{jk}^{(2)}} = -\eta \delta_k^{(2)} \cdot h_j \qquad \text{式（6-14）}$$

$$\Delta W_{ij}^{(1)} = -\eta \cdot \dfrac{\partial \, E}{\partial \, W_{ij}^{(1)}} = -\eta \delta_j^{(1)} \cdot x_i \qquad \text{式（6-15）}$$

$$W_{jk}^{(2)}(n+1) = \Delta W_{jk}^{(2)} + \Delta W_{jk}^{(2)}(n) \qquad \text{式（6-16）}$$

$$W_{ij}^{(2)}(n+1) = \Delta W_{ij}^{(2)} + \Delta W_{ij}^{(2)}(n) \qquad \text{式（6-17）}$$

其中 $k = 1, \, 2, \, \cdots, \, c$；$j = 0, \, 1, \, \cdots, \, M$；$i = 0, \, 1, \, \cdots, \, N$

（3）神经网络遥感分类应用。人工神经网络方法以其优秀的非线性逼近能力使得它在多个领域中均有不凡表现，针对传统遥感影像分类方法在地物分类识别中的不足，研究人员也开始采用人工神经网络的方式对数据进行处理分析，这主要是因为人工神经网络的特点与遥感影像分类所需要的技术相互对应，可以克服遥感影像地物分类中常见的技术困难，提升分类精度与效率。

①神经网络的特点。一般情况下，神经网络的特点可以归纳为以下几个方面。

a. 自学习和自适应能力。神经网络所具备的自主学习和自主适应特性可以处理不断变化的输入信息，在外界输入信息发生变化时，网络系统本身就可以在自适应变化的前提下进行相应参数的自动调节，以便能得出满足期望值的输出。

b. 非线性映射能力。现实系统中的各类问题一般都由复杂的非线性系统组成，人工神经网络中的神经元处于抑制状态或者激活状态即可表现为数学模型中的非线性关系，因此神经网络的非线性映射能力能够解决许多现实中的非线性建模问题。

c. 较强的容错能力。在解决实际问题时，人为采集的数据可能是不精准的，只有当模型可以依据外界变化自动进行适当调整时才可以得出较好的运算结果。神经网络在解决实际问题时不需要构造任何数学模型或假定方程，可以依据自身特点成为解决误差问题的最好方式。

d. 计算并行性与分布式存储。神经网络中每个神经元可以依照得到的输入信息进行堵漏计算和处理并输出各自结果，同一层的神经元也可以同时进行计算并将结果汇总后输入至下一层神经元，因此运算能力和速度会显著提升。此外，神经元的独立性也使得每个神经元具有存储信息的能力，这也就构成了整个神经网络的分布式存储结构。

②基于神经网络遥感影像分类的优势。遥感影像是遥感空间信息技术最基础的组成部分，基于遥感影像进行信息获取的主要技术是遥感影像地物分类。当下遥感技术发展迅速、日新月异，相关研究主要围绕以下遥感影像分类难点展开。

a. 不确定性：同一地理位置的遥感信息可能随着时间的变化，或是由于人为或外界环境的作用产生变化，这给遥感影像的信息带来了很大的不确定性。因此在针对这些变化的信息进行分析时也就增加了处理难度。

b. 复杂性：遥感影像处理的复杂性主要表现为"同物异谱"现象和"异物同谱"现象。在影像分类研究过程中，不同像元的光谱特征所形成的数据系统庞大复杂，并不能依赖简单的数学方法进行线性分析。

c. 混合像元：不同遥感器具备不同的空间分辨率，当遥感影像分辨率较高时会产生混合像元问题，这些混合像元在分类时会影响分类器的处理过程，导致最后总分类结果包含许多错分和漏分现象。

d. 包含信息量大：一般情况中，遥感影像蕴含地物光谱、表面纹理和形态结构等信息，庞大的信息量会对影像分类产生影响，在遥感空间信息分析处理的过程中，传统的分类器会消耗大量时间但并不一定能保证得到准确的分类结果。

　　针对上述遥感影像分类的难点，结合前文所述人工神经网络的特点与优势，我们不难发现，人工神经网络分类方式可以较好地解决这些问题。对于遥感影像分类处理的问题，相比传统方法，人工神经网络具有智能性，不需要事先假定分类目标的概率分布规律，能通过主动学习来实现复杂目标对象分类，分步存储结构分类速度快，对于缺失或噪声信息有更强的弥补能力。

　　因此，针对包含大数据量、混合度高的遥感影像分类处理过程，神经网络方法可以通过分析网络确定输入和输出数据的联系规律，运用输入未知的影像数据推算其对应的输出结果，从而取得良好的分类结果与精度。目前也有很多研究证实了这一观点。

　　王金亮等（2006）进行复杂地形区农作物种植区域分类时发现，最大似然法的分类精度只能达到 69.44%，而 SOFM 网络法的分类精度则可达 87.91%。刘传文（2005）提出了基于 Hopfield 神经网络的遥感图像超分辨率目标识别算法，即使在训练样本较少时，该分类方法也可以输出分辨率较高的地物相关信息。王梦秋等（2014）基于武汉地区的 SPOT 影像运用核聚类改进的径向基函数神经网络算法进行农作物种植种植区域分类，精度高达 93.51%，而传统的径向基函数神经网络分类精度只有 86.41%；罗小波等（2004）选用 Kohonen 聚类算法确定径向基函数的中心，并在宽度求取时进行改进，以避免内存溢出，在此基础之上提取出美国某一城市的农业用地分布状况，分类结果总精度达 91.6%。

　　而在众多神经网络方法中，BP 神经网络是应用最为广泛的一种方法（方惠敏等，2007；彭光雄等，2009）。这主要是因为作为一种误差反向传播算法，BP 神经网络依据自身特点创新解决了多层神经网络在学习过程中的诸多难题，大幅度扩大了神经网络的应用范围、促进了神经网络的进一步发展。此外，相对于模糊神经网络等复杂的网络结构，BP 神经网络具备很强的可操作性，从理论上讲，只要不断地给出输入和输出之间的关系，在人工神经网络的学习过程中，其内部就一定会形成表示这种关系的内部构造，只要这种关系形成的速度能够达到适用值，那么就可以逼近任意的非线性映射关系，解决实际应用问题。

三、研究结果及精度分析

　　应用 BP 神经网络方法进行遥感影像分类，须在网络构建前对网络结构进行全面考虑，应考虑的因素主要包括输入特征值、网络的层数、每层的神经元个数、分类参数及学习方法等。网络结构与参数设定对其学习效果和预测精度起着决定性的作用。其中，输入层的作用类似于缓冲存储器，主要目的是将数据源添加至网络。其节点数目取决于数据源的维数，一般可根据使用者的要求来决定。合理选择输入层的节点数可以提升分类精度。本研究的输入层信息主要是各类光谱信息，为避免数据冗余且保持输出精度，故尝试以地面高光谱分析为基础，提取马铃薯与其他作物的光谱差异信息，以较大光谱差异信息作为 BP 神经网络输入进行研究区作物分类。

本研究以马铃薯、玉米、大豆及水稻为研究对象，为比较分析不同作物之间高光谱曲线的特征差异，建立了高光谱反射率差异性指数、高光谱一阶导数差异性指数、高光谱红边幅值差异性指数、高光谱曲率差异性指数及高光谱植被指数差异性指数，旨在区分马铃薯与其他三种作物的高光谱差异，确定神经网络输入特征。具体分析过程及结果详见本书第三章。

1. 数据处理

（1）遥感影像数据。

①原始影像选取。东北地区多云天气较多，作物生育期内的大部分遥感影像云量较大，故获取每个关键物候时间点的遥感影像比较困难。因此，在 2016 年全年作物生育期内选取出了 2016 年 7 月 4 日、8 月 13 日、9 月 22 日三个无云或少云且合适的 Landsat-8 影像作为主要的影像数据，它们基本覆盖了 2016 年全年作物生育期的关键物候时间节点。本研究采用的影像数据是由地理空间数据云（Geospatial Data Cloud，http：//www. gscloud. cn）提供的传感器数据。

②遥感图像处理。Landsat-8 的发布数据已经完成地形数据参与的几何校正。然而，遥感器本身的光电系统特征、大气条件等引起光谱亮度失真的情况经常发生。为正确评价地物的反射特征及辐射特征，必须尽量消除这些失真，即进行辐射校正过程。一般来说，完整的辐射校正包括以下3 个方面。

a. 遥感器校准（定标）。遥感器定标是将遥感器得到的测量值转变为绝对亮度值（绝对定标）或是转变为与地表反射率、地表温度等物理量相关的相对值（相对定标）的变换过程。实质就是构建遥感器每个探测器的输出值与该探测器对应的实际地物辐射亮度之间的定量关系。

b. 大气校正。进行大气校正主要是为了消除大气、光照等因素对观测地物反射率的影响，以便得出观测地物的反射率、辐射率、表面温度等真实的物理模型参数。截至目前，国内外的相关科研人员已开发出多种大气校正方法与模型。为尽可能简单高效地消除大气、光照等因素对观测地物的影响，得到较为准确的地物相关真实参数，本研究选择 *Flaash* 大气校正模型进行大气校正。

　　c. 太阳高度与地形校正。为获取像元的真实光谱反射，有时还需要收集更多的外部信息进行太阳高度与地形校正。这些外部信息一般包括太阳直射光辐照度、大气透射率等。本研究仅属于地面定性遥感，并不需要精准描述构成地物状态特征的物理化学要素（即进行定量遥感识别），因此在图像处理过程中不必进行太阳高度与地形校正。

　　（2）投影与坐标系统确定。统一的空间坐标系是整合多种不同来源、不同类型的空间信息数据进行查找、检索和空间分析等研究工作的基础，因此必须在研究初始确定统一的空间坐标系统和地图投影方式。为与相关研究成果进行对比，本研究选择目前科学研究中较常用的 WGS84 坐标系；此外，考虑到本研究的目的在于提取研究区内马铃薯的空间分布与面积信息，为确保投影区域面积与实地相等，选择正轴等面积双标准纬线圆锥投影（Albers）作为地图投影，其参数描述如下。

　　坐 标 系 统：WGS84 直 角 坐 标 系（World Geodetic System－1984 Coordinate System）。

　　投影方式：正轴等积割圆锥投影（Albers）。

　　中央子午线：105°E。

　　第一标准纬线：25°N。

　　第二标准纬线：47°N。

　　坐标原点：0°。

　　纬向偏移：0°。

　　经向偏移：0°。

　　投影比例尺：1∶1。

　　统一的空间度量单位：m。

　　（3）分类辅助数据。为进行遥感影像分类从而提取马铃薯的空间分布，需要完成以下三部分内容：一是利用地面高光谱数据进行差异性分析，以得出马铃薯与研究区域内其余主要作物的差异性光谱特征；从中选择差异性较大的光谱信息作为 BP 神经网络的输入特征。二是在研究区区域范围内选择训练样本。BP 神经网络的分类实质属于监督分类，在进行分类前需要选择一定数量的样本对网络模型进行训练，以便完成 BP 神经网络训练学习过程；从而获取地物类别在影像中的光谱特征和分布规律；

样本应在研究区的典型区位内选择，同时样本数据应易于提取，且能够在地图等资料上精确定位。此外，还需要以选择的训练样本对研究区整体作物种植类型进行目视解译以形成研究区域作物分布图，从而对 BP 神经网络自动分类获取的分类结果图进行检验。

①实测作物高光谱曲线。选择于 2016 年 6 月 21—29 日（即马铃薯结薯期）在吉林省蔬菜花卉科学研究院基地试验田进行马铃薯、玉米、大豆、水稻的光谱曲线测量，测量日天气晴朗、无风，测量时间为正午。以马铃薯（中晚熟品种延薯 4 号）和玉米、大豆、水稻 4 种作物为研究对象；使用美国 Ocean Optics 公司 USB2000+光谱仪开展测量；测量时保证光谱仪测量传感器探头竖直向下，距作物冠层顶端垂直高度约 15cm。在田间随机抽样，每种作物重复测量 3 次，取高光谱反射率平均值作为作物冠层高光谱反射率值。测量过程中，根据时间和光照情况及时进行标准白板校正。将每日测量所获取的光谱曲线数据进行处理分析后，结合每日测量天气条件，综合评价最终选择最优的 6 月 21 日数据进行后续研究分析。

图 6-7　勾画地块

②训练、检验样本。为进行训练样本选择、制图和精度评价，需要确定地面样本点的位置及其土地覆盖类型。在野外调研前，作者先通过软件勾选作物地块（图 6-9），选择依据主要是临近道路；同时根据专业人员经验选择不同种类地物地块类型，在勾画过程中注意地块内的作物一定是

同种地物，避免混合种植的情况；最终将勾画的样方生成重心点，设计野外调查路线图（图6-10）。在2016年，多次到研究区核查样本类型，并了解作物种植情况。对于每一个样本，都需详细填写地区遥感监测地面调查表（图6-11），主要记录以下信息：样本点编号，记录时间；电子相片；农作物类型，作物生长阶段和年度轮作模式；样地GPS位置。

同时，对在调研途中遇见的马铃薯种植区进行现场打点，记录信息，作为后续研究的训练样方。在调研结束后进行内业工作，最终选择出80个样方，4种类别每类20个。

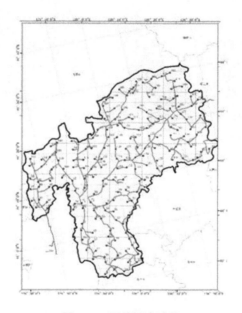

图6-8 野外调查路线

2. 分类网络结构与结果检验指标

（1）BP神经网络模型的构建。考虑到作物识别需要利用遥感影像丰富的波段信息。因此，本研究选用近年来应用较为广泛的 *Landsat-8 OLI* 遥感影像，在 *ENVI 5.3* 等软件平台的支持下，使用BP神经网络方法，通过调节训练参数，对吉林省长春市九台区纪家镇、兴隆镇马铃薯等耕地类别提取分类。

结合本书第三章的研究内容可知，以普通遥感器为基础区分马铃薯与其他作物时，植被指数和光谱波段反射率都可以作为输入特征值。将野外高光谱测量得出的马铃薯与玉米、水稻、大豆的光谱差异性分析结果进行

地区遥感监测地面调查表			
时间		样方编号：	九台003
地点	省　　　市　　　县　　　乡　　　村		
样地基本描述			
照片编号及说明 		样地位置及地形	

图 6-9　地区遥感监测地面调查

综合比较，不难发现马铃薯与其他三种作物在红色波段处的差异性较小，故在分析时予以删除，仅保留蓝、绿、近红外波段及对应 Landsat-8 影像的 23567 波段（其中 5 为近红外波段，67 为短波红外波段），植被指数则选择差异最大的比值植被指数 RVI，因此最终输入特征确定为 23567 波段 +RVI。同时将直接选择 Landsat-8 影像波段信息（1~7 波段）作为输入进行对比，明确不同输入特征值对于 BP 神经网络分类结果的影响。由于地面高光谱数据实测时间为 2016 年 6 月 21 日，因此分类时首先选择最接近日期的遥感影像，即 2016 年 7 月 4 日的遥感影像。

　　在野外实地调查的基础上，通过将研究区耕地地块进行数字化，再经目视解译最终得到了纪家镇、兴隆镇本底图（图 6-10）。在此基础上选用于验证分类后精度的检验样本。通过野外实地考察及观察目视解译得出的本底图可以发现，研究区内种植的作物主要为马铃薯、玉米和水稻。因此将该地区的 BP 神经网络遥感分类输出分为 4 种类型：马铃薯、玉米、水稻、其他。

　　BP 神经网络分类的训练样方主要指在野外实地调查时所采集的样本数据。训练样本数据包括 4 种类别，每类 20 个共计 80 个样方。分类前选

择 *ENVI* 5.3 中的 Compute ROI Separability 计算训练样本的分离度，对训练样本的可分离性进行衡量（马凯等，2017）。表 6-1 显示各类别样本间的可分离性值均大于 1.9，说明样本间的分离性较好，属于合格样本。

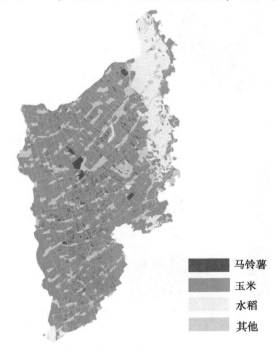

马铃薯
玉米
水稻
其他

图 6-10　纪家镇、兴隆镇本底

表 6-1　训练样本可分离性统计

组别	可分离性
马铃薯—玉米	1.92409163
玉米—其他	1.98383114
玉米—水稻	1.99164277
其他—水稻	1.99573681
马铃薯—水稻	1.99888520
马铃薯—其他	1.99976055

检验样本由本底图勾画得出，样本选择时应注意样本分布的离散性与均匀性，尽量选择纯样本，避免影响分类精度评定。四种类别各 150 个样

方，共计 600 个样方，7 937 个像素点。检验样本分布情况如图 6 – 11 所示。

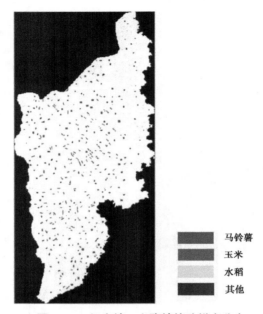

马铃薯
玉米
水稻
其他

图 6-11　纪家镇、兴隆镇检验样方分布

（2）BP 分类精度评价指标。主要选择的精度评价指标包括：总体分类精度（*Overall Accuracy*）、*Kappa* 系数（*Kappa Coefficient*）、制图精度（*Producer Accuracy*）。

①总体分类精度。计算方法为被正确分类的像元总数除以影像的总像元数，一般情况下，地表真实影像或地表真实感兴趣区域的不同选择方式会对像元的真实分类结果产生限制与影响。在分类结果中，正确分类的像元沿着混淆矩阵的对角线分布，实质是被分类到正确地表真实分类中的总体像元数。总体像元数等于全部地表真实分类中的像元总和。

②*Kappa* 系数。确定方法是将所有真实参考的像元总数（N）乘以混淆矩阵对角线（XKK）的和，减去各类别中真实参考像元数与该类中被分类像元总数之积后，再除以以下两部分的差值，其中被减数为像元总数的平方，减数为各类别中真实参考像元总数与该类别中被分类像元总数之积对所有类别求和所得出的结果。

③制图精度。指的是遥感影像分类器将整个影像的像元正确分为某类的像元数（对角线值）与某类真实参考总数（混淆矩阵中某类列的总和）

的比率。我们以这项指标来确定马铃薯的分类精度。

3. BP 神经网络训练参数优化

（1）ENVI 平台分类参数介绍。本研究利用 ENVI 平台对纪家镇、兴隆镇进行马铃薯空间分布提取研究，所需选择设定的参数如下。

①Activation：BP 神经网络分类中的活化函数，包括两种类型：对数（Logistic）函数和双曲线（Hyperbolic）函数。

②Training Threshold Contribution：代表网络学习的训练贡献阈值（0~1）。该参数决定了与活化节点级别相关的内部权重的贡献量。该参数主要用于调节网络各层节点内部权重的变化。训练算法交互式地调整节点间的权重和节点阈值，从而使输出层和响应误差达到最小。如果将该参数设置为 0 则不会调整各层节点的内部权重。网络训练过程中适当调整节点的内部权重可以获得一幅较优的分类图像，但如果设置的权重值过大，对分类结果也会产生不良影响。

③Training Rate：指的是网络中的权重调节速度（0~1）。调节速度的值越大表示网络的训练速度越快，与此同时也可能增加网络摆动或者得出不收敛的训练结果。

④Training Momentum：网络中加入动量因子这一参数是为了加强网络的稳定性，防止网络振荡，该参数值的范围在 0~1 之间。输入的参数值越大，网络训练的步幅越大。该参数的主要作用是促使节点权重沿当前方向进行改变。

⑤Training RMS Exit Criteria：该参数的意义为确定 RMS 误差是何值时，网络训练应该立即停止。RMS 误差值在网络训练过程中会显示在输出结果的图表中，当该值小于确定的输入值时，即使网络分类过程并没有达到预定的迭代次数，训练也会终止，随后得出最终的分类结果。

⑥Number of Hidden Layers：指的是网络结构所确定的隐含层数量。如果研究是为了进行线性分类，该参数的值设定为 0，即网络不包含隐含层；但此时必须保证不同的输入区域与一个单独的超平面线性分离。如果要进行非线性网络分类研究，输入的参数应该大于或等于 1，一般情况下，当输入的区域并不是线性分离或研究内容需要两个超平面才能完成分类研究时，必须保证至少含有一个隐含层。

⑦Number of Training Iterations：代表分类网络中训练的迭代次数。

⑧Min Output Activation Threshold：该参数表示网络的最小输出活化阈值。分类过程中如果被分类像元的活化值小于设定的阈值，在输出的结果中，该像元将被归入未分类类别中（unclassified）。

在神经网络训练的过程中，8 个参数会对分类结果产生影响，因此选择控制变量法逐一进行最优参数的选取，以便得出所有训练参数的最优值。依据检验样本对分类结果的精度验证进行最优参数的选择。

在对训练样本进行优化前需要确定 BP 神经网络分类的输入特征。按照前文所设定的对照，选择 23567 波段+RVI 和 Landsat-8 的多光谱 7 个彩色波段（1~7 波段）作为输入特征，两者尝试分类进行对照。在分类时训练参数由专家及前人研究经验设定，分别设定为活化函数为对数函数，初始权值 = 0.9，学习速率 = 0.2，动量因子 = 0.9，最小均方根误差 = 0.1，隐层数目 = 1，训练次数 = 1 000，最小输出活化阈值 = 0。进行精度验证后结果如表 6-2。

表 6-2　不同输入特征分类精度

	23567 波段+*RVI* 作为输入特征	多光谱 7 个彩色波段 （1~7 波段）作为输入特征
总体分类精度	92.3649%	91.8357%
Kappa 系数	0.8876	0.8798
马铃薯精度	77.1%	74.13%

通过观察表中数据可以发现 23567 波段+*RVI* 作为输入特征得出的马铃薯精度高于多光谱 7 个彩色波段（1~7 波段）作为输入特征的精度。因此，选择 23567+*RVI* 作为输入特征，进行 BP 神经网络的参数优化训练。

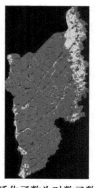
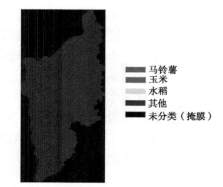

马铃薯
玉米
水稻
其他
未分类（掩膜）

活化函数为对数函数　　　　　活化函数为双曲线函数

图 6-12　活化函数调节结果

（2）各项参数调节过程与结果。

①活化函数。在神经网络训练的过程中，8 个参数会对分类结果产生影响，因此选择控制变量法进行最优参数的选取。在 ENVI 分类平台下，活化函数包含对数函数和双曲线函数两种，因此分别选择两种函数进行分类实验，其余参数设定为：初始权值＝0.9，学习速率＝0.2，动量因子＝0.9，最小均方根误差＝0.1，隐层数目＝1，训练次数＝1 000，最小输出活化阈值＝0。最终调节结果如图 6-15。检验分类精度信息如表 6-3。最终确定活化函数为对数函数。

表 6-3　不同活化函数分类精度

	对数函数	双曲线函数
总体分类精度	92.3649%	—
Kappa 系数	0.8876	—
马铃薯分类精度	77.1%	—

②初始权值。在用机器语言进行代码编程时，所选用的初始权值一般是电脑直接赋予的随机值。先前确定的活化函数为对数函数，通过观察对数函数曲线可知，在（0~1）的范围内，函数值变化明显，即不同自变量（输入值）所对应的因变量（输出值）差别较大。依据专家打分及已有研究结果（陈颖姝等，2014），将初始权值初始值设定为 0.9 进行逐步调节，检验分类精度信息如表 6-3，调节结果如图 6-13。在初始权值按照由大至小的方向调节时，总分类精度和马铃薯的生产者精度都逐渐提升，最终确定初始权值为 0.1。

表 6-4　不同初始权值分类精度

	0.9	0.8	0.5	0.2	0.1
总体分类精度	92.3649%	90.7740%	91.7601%	92.8562%	92.9192%
Kappa 系数	0.8876	0.8642	0.8770	0.8935	0.8944
马铃薯分类精度	77.1%	72.41%	74.59%	79.51%	79.51%

③学习速率。BP 神经网络进行学习时误差调节采用梯度下降法。梯度下降法的原理是沿梯度下降的方向求解极小值，即获得 BP 神经网络输出值与期望值的误差最小值。求解过程中，步长（BP 神经网络中定义为学习速率）是最重要的参数，它决定了在梯度下降迭代的过程中，每一步沿梯度负方向前进的长度。学习速率过快，可能使权值每一次的调整过

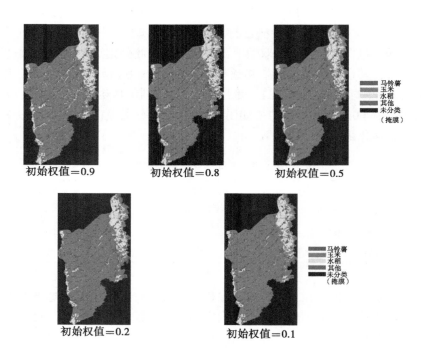

图 6-13　初始权值调节结果

大，甚至会导致权值在修正过程中超出某个误差的极小值呈不规则跳跃而不收敛；过小的学习速率能够保证达到极小值，但学习时间过长（郭跃东等，2016）。

因此，为避免因学习速率过快忽略极小值，结合专家意见，将学习速率初始值设定为 0.2，在确定活化函数为对数函数，初始权值为 0.1 的前提下调节学习速率，最终调节结果如图 6-18。检验分类精度信息如表 6-5。从初始 0.2 调节至 0.9 时精度一直下降，但进行调小后至 0.1 精度上升，因此确定学习速率为 0.1。

表 6-5　不同学习速率分类精度

	0.2	0.3	0.5、0.9	0.1
总体分类精度	92.9192%	90.3616%	90.2230%	92.4657%
Kappa 系数	0.8944	0.8544	0.8554	0.8874
马铃薯分类精度	79.51%	70.52%	68.35%	80.02%

④动量因子。增加动量因子的目的是为了避免 BP 神经网络训练陷于

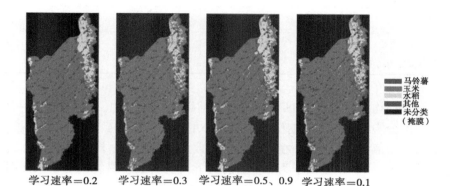

学习速率＝0.2　　学习速率＝0.3　　学习速率＝0.5、0.9　学习速率＝0.1

马铃薯
玉米
水稻
其他
未分类
（掩膜）

图6-14　学习速率调节结果

较浅的局部极小点。理论上其值大小应与学习速率的大小有关，但实际应用中一般取常量，通常在0~1，而且一般比学习速率值要大（李智等，2006）。因此，在确定学习速率为0.1的前提下，将动量因子初始值设定为0.9。在已确定活化函数为对数函数，初始权值为0.1，学习速率为0.1的前提下调节动量因子，最终调节结果如图6-19。检验分类精度信息如表6-6。当动量因子调节为0.4时，马铃薯精度升高，但水稻的精度＜70%，故最终确定动量因子为0.5。

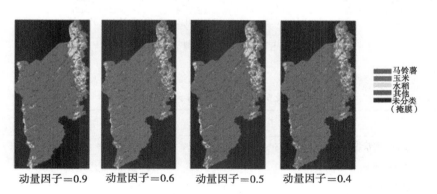

动量因子＝0.9　　动量因子＝0.6　　动量因子＝0.5　　动量因子＝0.4

马铃薯
玉米
水稻
其他
未分类
（掩膜）

图6-15　动量因子调节结果

表6-6　不同动量因子分类精度

	0.9	0.6	0.5	0.4
总体分类精度	92.4657%	89.7946%	92.2893%	91.2939%

（续表）

	0.9	0.6	0.5	0.4
Kappa 系数	0.8874	0.8465	0.8849	0.8694
马铃薯分类精度	80.02%	79.79%	82.94%	84.09%

⑤最小均方误差（RMS）。BP 神经网络分类过程中，RMS 值越小表示得出的分类结果越满足期望值，但过小的误差值会导致训练时间过长，因此将初始值设定为 0.1。在确定活化函数为对数函数，初始权值为 0.1，学习速率为 0.1，动量因子为 0.5 的前提下调节 RMS，最终调节结果如图 6-16。检验分类精度信息如表 6-7。调节 RMS 值至 0.35 时，马铃薯精度大幅升高，但水稻的精度<50%，最终确定 RMS 为 0.3。

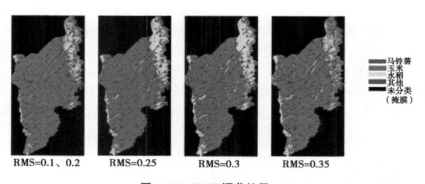

RMS=0.1、0.2　　RMS=0.25　　RMS=0.3　　RMS=0.35

图 6-16　RMS 调节结果

表 6-7　不同 RMS 分类精度

	0.1、0.2	0.25	0.3	0.35
总体分类精度	92.2893%	93.9146%	95.8675%	93.6122%
Kappa 系数	0.8849	0.9106	0.9395	0.9044
马铃薯分类精度	82.94%	83.74%	89.18%	93.13%

⑥隐层数目。隐层数目的选择十分复杂，往往与求解问题、输入输出节点数目都有直接关系，需要根据设计者的经验和多次实验来确定，因而不存在一个理想的解析式（沈花玉等，2008）。若数目太少，网络所能获取的用以解决问题的信息太少；若数目太多，不仅增加训练时间，还会导

致网络容错性差、不能识别未训练过的样本，以及"过度吻合"现象。研究表明一般情况下，单隐层的 BP 神经网络就可以满足实际应用需要（范佳妮等，2005）。

　　故将隐层数目初始值设置为 1 进行调节，为避免网络训练时间过长，只选择单隐层和双隐层进行测试。在确定活化函数为对数函数，初始权值为 0.1，学习速率为 0.1，动量因子为 0.5，RMS 为 0.3 的前提下调节隐层数目，最终调节结果如图 6-17。检验分类精度信息如表 6-8。因此最终确定隐层数目为 1。

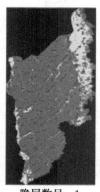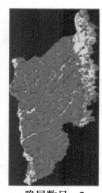

马铃薯
玉米
水稻
其他
未分类（掩膜）

隐层数目＝1　　　　　　　　　　隐层数目＝2

图 6-17　隐层数目调节结果

表 6-8　不同隐层数目分类精度

	1	2
总体分类精度	95.8675%	93.2216%
Kappa 系数	0.9395	0.8997
马铃薯分类精度	89.18%	85.69%

　　⑦训练次数。训练次数指进行 BP 神经网络权值调节的次数，训练次数过少导致分类结果无法满足预期精度，训练次数过多则会增加训练时间。在确定活化函数为对数函数，初始权值为 0.1，学习速率为 0.1，动量因子为 0.5，RMS 为 0.3，隐层数目为 1 的前提下调节训练次数，最终调节结果如图 6-18。检验分类精度信息如表 6-9。因此最终确定训练次数为 350。

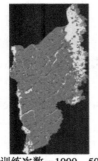
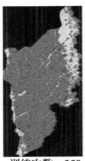
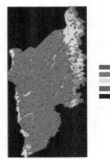

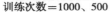

| 训练次数＝1000、500 | 训练次数＝350 | 训练次数＝300 |

图 6-18　训练次数调节结果

表 6-9　不同训练次数分类精度

	1 000、500	350	300
总体分类精度	95. 8675%	95. 8675%	93. 7634%
Kappa 系数	0. 939 5	0. 939 5	0. 907 9
马铃薯分类精度	89. 18%	89. 18%	83. 57%

⑧最小输出活化阈值。*ENVI* 分类参数中的最小输出活化阈值决定了待分类影像中的像元是否被输出为未分类（unclassified）类别，由于希望将所有的像元都归类为提前设定的训练样本所属类别，因此将该参数设为 0，不作调整。

4. 模型运行结果与精度验证

（1）最优参数分类结果。综合所有最优参数选择过程，最终确定的训练参数为：活化函数为对数函数，初始权值为 0.1，学习速率为 0.1，动量因子为 0.5，*RMS* 为 0.3，隐层数目为 1，训练次数为 350，最小输出活化阈值为 0。经过混淆矩阵精度检验，最终达到的分类总精度为 95.867 5%，Kappa 系数为 0.939 5，马铃薯的分类精度为 89.18%。马铃薯与其他作物最终分类面积结果及马铃薯的分类精度分别见图 6-19 与表 6-10。

表 6-10　马铃薯 TM0704 分类面积与实际面积对比

	分类精度	TM0704 分类面积（km^2）	实际面积（km^2）
马铃薯	89.18%	8. 422 2	8. 648 6

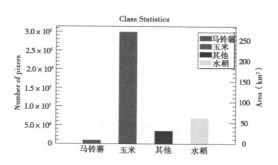

图 6-19 TM0704 分类面积统计

（2）多时相 Landsat-8 遥感影像精度对比。选择研究区作物生育期内多时相的 Landsat-8 影像进行精度验证，以最优参数值进行分类，各参数值如下：活化函数为对数函数，初始权值为 0.1，学习速率为 0.1，动量因子为 0.5，RMS 为 0.3，隐层数目为 1，训练次数为 350，最小输出活化阈值为 0，最终分类结果如图 6-20。检验分类精度信息如表 6-11。最终得出 2016 年 7 月 4 日的 Landsat-8 影像分类精度最高，分析原因认为：该遥感影像获取的时间距离地面实测光谱的时间最近，因此光谱特征与差异性结果最相似，分类结果精度最高。

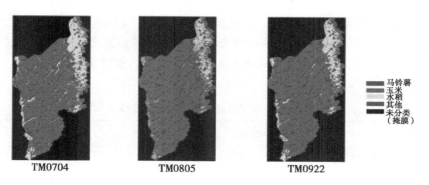

图 6-20 不同时相分类结果

表 6-11 不同时相分类精度

	TM0704	TM0805	TM0922
总体分类精度	95.867 5%	79.871 2%	88.426 3%

（续表）

	TM0704	TM0805	TM0922
Kappa 系数	0.939 5	0.702 9	0.827 1
马铃薯分类精度	89.18%	45.2%	58.83%

（3）不同遥感数据源分类结果对比。目前具备高光谱、时间、空间分辨率的遥感影像是遥感空间信息技术发展的主要趋势。我国于2013年发射的高分一号卫星突破了高时间、空间分辨率相结合的光学遥感关键技术，能够满足作物识别、精准农业、灾害预警与监测等领域研究数据支持的需求，具有重大的实践意义与战略意义。高分一号卫星装载了2台分辨率为8m的多光谱/分辨率为2m的全色高分辨率相机和4台分辨率为16m的多光谱宽幅相机。卫星的轨道高度为645km，高分相机侧摆25°的可视范围为700km，重访周期为4d，若不启用侧摆功能时，重访周期为41d。

考虑到高分一号卫星的精尖技术与实际应用中的意义，选择作物生育期内的多时相GF1影像与Landsat-8影像的分类结果进行精度对比，在影像筛选过程中由于2016年7月研究区的GF1影像覆盖大量云层，因此只保留了8月、9月的遥感影像。

通过作物生育期内多时相的GF1影像与Landsat-8影像的分类结果进行精度对比，最终分类结果如图6-21。检验分类精度信息如表6-12。综合整体分类结果得出Landsat-8影像分类精度高于多时相GF1影像的分类精度，分析其原因在于Landsat-8影像包含的光谱信息比GF1丰富，即使空间分辨率不足，但对于马铃薯识别而言，光谱信息更重要。

表 6-12　不同遥感数据源影像分类精度

	GF0808	GF0813	GF0919
总体分类精度	76.610 4%	74.150 1%	88.791 5
Kappa 系数	0.626 2	0.587 2	0.829 8
马铃薯分类精度	0%	18.47%	61.44%

四、讨论

本研究采用BP人工神经网络方法进行马铃薯空间分布研究，在进行地面马铃薯与其他主要作物高光谱差异性分析的研究基础上，确定了马铃

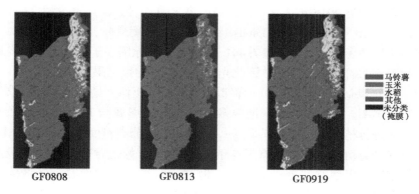

GF0808　　　　　GF0813　　　　　GF0919

图 6-21　不同遥感数据源影像分类结果

薯与其他作物的主要光谱差异，将差异性大的光谱特征作为 BP 神经网络分类的输入特征值，以 *ENVI* 5.3 遥感图像处理软件为平台，选择吉林省纪家镇、兴隆镇为研究区，对该区域马铃薯分布进行遥感提取。得到的主要结论如下。

（1）构建的差异性指数可以有效区分马铃薯与玉米、水稻、大豆的高光谱特征。在马铃薯关键生长期——结薯期比较马铃薯与玉米、大豆、水稻高光谱曲线特征差异，建立了高光谱反射率差异性指数、高光谱一阶导数差异性指数、高光谱红边幅值差异性指数、高光谱曲率差异性指数及高光谱植被指数差异性指数，为马铃薯高光谱量化研究提供了理论参考。

（2）以地面高光谱差异分析结果作为输入特征得到的马铃薯精度高于未进行筛选的光谱。以 2016 年 7 月 4 日 Landsat8 遥感影像为分类影像，结合高光谱差异性分析结果最终确定的输入特征为 23567 波段 +RVI，同时将 Landsat8 的多光谱 7 个彩色波段（1~7 波段）作为输入特征对照。精度验证后，结果显示以 23567 波段 +RVI 作为输入特征得出的马铃薯精度明显高于未进行波段筛选的影像。

（3）BP 神经网络法可以较为准确对研究区马铃薯分布进行提取。以最终确定的最优参数值（活化函数为对数函数，初始权值为 0.1，学习速率为 0.1，动量因子为 0.5，RMS 为 0.3，隐层数目为 1，训练次数为 350，最小输出活化阈值为 0）分类得出的结果经混淆矩阵精度检验，达到的分类总精度为 95.867 5%，Kappa 系数为 0.939 5，其中马铃薯的分类精度为 89.18%。

（4）地面实测光谱数据时间和遥感影像时间越接近，马铃薯提取精度越高。选择作物生育期内多时相的 Landsat 8 影像进行精度对比验证。影像日期分别为 2016 年 7 月 4 日、2016 年 8 月 5 日、2016 年 9 月 22 日，结果显示 2016 年 7 月 4 日的 Landsat8 影像分类精度最高，为 95.867 5%，分别高于后两者 15.996 3%和 7.441 2%。分析其原因在于该时间点距离地面实测光谱的时间最为接近，因此光谱特征与差异性结果最相似。

（5）以遥感手段进行马铃薯识别时对遥感影像光谱分辨率的要求高于时间分辨率。选择作物生育期内多时相的 GF1 影像与 Landsat 8 影像的分类结果进行精度对比，结果显示 Landsat 8 影像分类精度远高于多时相 GF1 影像的分类精度，分析其原因在于 Landsat 8 影像包含的光谱信息较 GF1 更加丰富，即使空间分辨率不及，但对于马铃薯识别而言，光谱信息更重要。

尽管基于 BP 神经网络的马铃薯空间分布提取研究取得了一定结果，但由于数据可获取性、研究时间和作者思路等因素的限制，本研究还存在以下不足：

本研究仅选取小范围区域进行马铃薯空间分布提取，然而基于遥感手段的马铃薯种植面积提取方式还需应用到范围更广、作物类型更复杂的区域中，以验证该方法在不同尺度、作物类型和物候条件下的准确性和实用性。

对于马铃薯与其他作物的高光谱分析，本研究仅选择了马铃薯生育期中的结薯期，若能以时间为纵轴，进行马铃薯全生育期不同生长阶段不同差异性指标的横向比较以及马铃薯与其他作物的纵向比较必将得到更有意义的研究结果。此外，依据玉米、大豆和水稻关键生长期进行指标研究也可作为未来研究的方向。

在全生育期进行差异性分析的基础上，也可考虑对应寻找临近时间节点的遥感影像，确定不同影像的分类输入特征，分析分类结果的精度变化。

文中选择的 BP 神经网络参数调节设定方法属于控制变量法，最终逐一确定每个参数的最优值，这种设定方式比较常见但却未考虑参数确定顺序改变对结果的影响，希望日后能进一步探究。

在作物生育期内，研究区的无云遥感影像获取较为困难，在 2016 年全年的研究范围内，符合条件的遥感影像数量并不充足，因此后续研究可以考虑以更长时间尺度进行逐年研究，验证方法的适用性。

第二节　基于最大似然法的马铃薯空间分布信息提取

一、基于最大似然法的作物识别研究进展

采用遥感手段进行作物空间信息提取，可以获取作物类别、种植结构、空间分布特征等多方面的信息，也可以为作物栽种结构调整和优化提供数据支持（唐华俊等，2010）。除 BP 神经网络方法外，最大似然法也是一种广泛应用的遥感图像计算机分类识别技术。目前，基于最大似然法提取作物分布信息的研究已经取得了一定成果。但是，此类研究主要集中在禾本科作物领域（刘东林等，1998；李彦等，2012），对茄科作物马铃薯的研究相对较少。因此，本研究试图将此方法应用于马铃薯种植面积提取之中，探索出一套提取马铃薯分布信息的有效方法。

二、研究区域及研究方法介绍

1. 研究区域

本研究仍选择吉林省长春市九台区纪家镇、兴隆镇为研究区域。

2. 方法介绍

最大似然分类法（Maximum Likelihood Classification）是基于统计学，根据最大似然比贝叶斯判决准则法来建立非线性判别函数集而进行分类的一种常见的图像监督分类方法，在理论上具有最小出错率和最高分类精度。它利用遥感数据的统计特征，假定各类地物的分布函数为正态，按照正态分布规律用最大似然判别规则进行判别，得到分类结果。

在进行影像的统计分类中，假定一个待分像元的 N 波段随机模式为 $X = [X_1, X_2, \cdots, X_N]^T$，为判别其所属类别，需要由条件概率 $P(\omega_i/X)$（$i = 1, 2, \cdots, m$）来决定判别函数，ω_i 代表第 i 类，总共有 m 类，P 表示模式 X 属于 ω_i 类的概率。像元模式 X 应属于某一特定类别，因此，我们可以通过 $P(\omega_i/X)$ 确定其属于每一类的可能性，然后比较所有可能性的大小，将该像元归属到概率最大的那一类，即

如果

$$P(\omega_i/X) = \max_{j=1}^{m} P(\omega_j/X) \qquad 式（6-18）$$

则 $X \in \omega_i$。

该方法会用到各类先验概率 $P(\omega_i)$ 和条件概率密度函数 $P(\omega_i/X)$，先验概率 $P(\omega_i)$ 通常是根据各种先验知识（实际情况、历史资料等）给出或者假定它们相等 $[\ P(\omega_i) = 1/m\ ]$；而概率密度函数 $P(\omega_i/X)$ 则根据地物的正态分布形式，利用训练场地估算该分布形式中用到的参数（如方差 Σ 和均值 μ），从而得到 ω_i 类的似然概率 $P(X/\omega_i)$。

假定与像元模式 X 相同类别的训练样本有 s 个，则有：

$$\mu_j = \frac{1}{s} \sum_{i=1}^{s} X_{ij} (j = 1,\ 2,\ \cdots,\ N) \qquad \text{式 (6-19)}$$

$$\delta_{lk}{}^2 = \frac{1}{s^2} \sum_{i=1}^{s} \sum_{j=1}^{s} (X_{il} - \mu_l)(X_{jk} - \mu_k) \quad (l = 1,\ 2,\ \cdots,\ N;\ k = 1,\ 2,\ \cdots,\ N)$$

$$(6-20)$$

$$\Sigma = \begin{bmatrix} \delta_{11} & \delta_{12} & \cdots & \delta_{1N} \\ \delta_{21} & \delta_{22} & \cdots & \delta_{2N} \\ \vdots & \vdots & \vdots & \vdots \\ \delta_{N1} & \delta_{N2} & \cdots & \delta_{NN} \end{bmatrix} \quad \mu = \begin{bmatrix} \mu_1 & \mu_2 & \cdots & \mu_N \end{bmatrix}^T \qquad \text{式 (6-21)}$$

式中，X_{ij} 表示第 i 个样本的第 j 波段特征值。故 N 维正态分布的概率密度函数为：

$$p(X/\omega_i) = \frac{1}{(2\pi)^{\frac{N}{2}} \left| \Sigma \right|^{\frac{1}{2}}} \exp\left[-\frac{1}{2}(X - \mu)^T \Sigma^{-1}(X - \mu) \right]$$

$$\text{式 (6-22)}$$

式中，$|\Sigma|$ 是协方差矩阵 Σ 的行列式，Σ^{-1} 为 Σ 的逆。

根据贝叶斯定理，像元模式 X 出现的后验条件概率为：

$$p(\omega_i/X) = \frac{p(X/\omega_i) \cdot p(\omega_i)}{p(X)} = \frac{p(X/\omega_i) \cdot p(\omega_i)}{\sum_{i=1}^{m} p(X/\omega_i) \cdot p(\omega_i)} \qquad \text{式 (6-23)}$$

从上式中可以看出 $P(X)$ 与类别无关，对各类来说都只是一个公共因子，因此做判别时可以将其去掉，故最大似然分类判别函数为：

$$d_i(X) = p(X/\omega_i) \cdot p(\omega_i) (i = 1,\ 2,\ \cdots,\ m) \qquad \text{式 (6-24)}$$

则判别规则为：

若 $p(X/\omega_i) \cdot p(\omega_i) = \max_{j=1}^{m} p(X/\omega_j) \cdot p(\omega_j)$ \qquad 式 (6-25)

则 $X \in \omega_i$。

在实际应用中，常采用经过对数变换的最大似然比判别公式：

$$d_i(X) = \ln p(\omega_i) - \frac{1}{2}\ln|\Sigma| - \frac{1}{2}(X-\mu)^T \Sigma^{-1}(X-\mu) \qquad 式（6-26）$$

故对于任一像元值 X，其在哪一类中的 $d_i(X)$ 最大，就属于哪一类。

三、研究结果及精度分析

本研究所使用的数据是吉林省长春市九台区纪家、兴隆两镇的高分一号遥感影像数据，全色波段影像分辨率为 2m，多光谱波段影像分辨率为 8m，波段信息丰富，选取无云或少云的影像，影像获取时间 2017 年 7 月 15 日。农作物分布种类较多，为便于提取马铃薯的分布信息，用 4、3、2 波段模拟真彩色图像合成 RGB 进行试验。为获取试验区分类训练、检验样方，于 2017 年 8 进行野外调查，确定了不同分类地物所在的位置，主要类型包括马铃薯、玉米、水稻和其他地表覆盖（居民区、水体、道路等）4 类。在实地调查时，除了记录前期勾画的外业调查样本的类别属性外，同时用 GPS 记录野外调查路线中遇到的典型马铃薯区域地理坐标。野外调查路线图如图 6-22 所示。

图 6-22　2017 野外调查路线

最大似然法分类属于监督分类的一种，所以其原理与监督分类基本相同。监督分类是一个用被确认类别的样本像元去识别未知类别像元的过程，首先在分类之前通过目视判读和野外调查，对遥感图像上某些样区的影像地物类别属性积累一定的先验知识，然后对每一种类别分别选取一定数量的训练样本，计算每种训练样区的统计或其他信息，同时用训练样本对判决函数进行训练，最后用训练好的判决函数对其他待分类数据进行分类（潘建刚等，2004；李爽等，2002；李石华等，2005；牛明昂等，2016）。监督分类的基本内容包括特征判别、样本选择、分类器选择、影像分类、分类后处理、结果验证等，基本流程如图 6-23 所示。

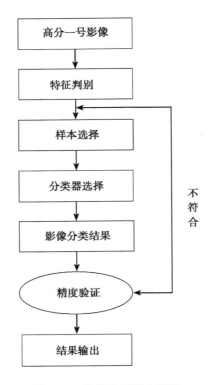

图 6-23　监督分类基本流程

1. 特征判别与样本选择

根据分类的目的、影像数据自身的特征和收集到的信息，对影像进行特征判断。本研究所使用的高分一号数据已进行前期的预处理，包括正射校正、图像融合、图像镶嵌和图像裁剪等处理，且进行了影像增强，质量较好，能够进行较好的目视判读。通过高分一号数据确定出影像上可分辨的 5 种地物类型：马铃薯、玉米、水稻、居民区。为达到监督分类的目的，需要为每一个类别选择一定数目的训练样本，在 ENVI 软件中来获取感兴趣区。训练样本的选择应尽量均匀、离散地覆盖整个区域，每类样本的范围应不小于 1 000 像素。样本的选择对监督分类的结果会产生较大的影响，因此所选的样本应具有典型性和代表性。样本选择完成后可以计算样本的可分离性，通过观察样本的可分离性参数，决定是否对样本进行修改。在 Region of Interest（ROI）Tool 面板上，选择 Option > Compute ROI Separability，在 Choose ROIs 面板，将几类样本都打勾，点击 OK；对于各个样本类型之间的可分离性，用 Jeffries - Matusita，Transformed Divergence 参数表示，这两个参数的值在 0~2.0 之间，大于 1.9 说明样本之间可分离性好，属于合格样本；小于 1.8，则需编辑样本或者重新选择样本；小于 1，则需考虑将两类样本合成一类样本。样本分离度表如图 6-24 所示。

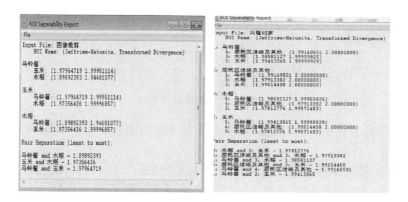

图 6-24　分类样本可分离性计算报表

2. 分类后处理与结果验证

利用最大似然法对影像完成分类之后，需要对影像进行后处理，并对分类的精度进行评价，确定分类的精度和可靠性。本研究采用混淆矩阵来验证分类精度，它记录了总体精度、制图精度和用户精度、Kappa 系数、混淆矩阵错分和漏分的误差。一般来说，验证样本可以在高分辨率影像上选择，也可以通过野外实地调查获取，结合高分辨率影像数据特征和野外调查的马铃薯采样点，把它们作为验证样本来对监督分类的结果进行评价。如图 6-25 所示。

四、讨论

本研究选用吉林省长春市九台区纪家镇、兴隆镇的高分一号遥感数据，应用于研究区马铃薯空间分布提取研究，得到的主要结论如下。

（1）最大似然法分类效果较好，其分类总精度可达 95.224 1%，

Class Confusion Matrix

File

Confusion Matrix: E:\高分影像及处理\图像处理\监督分类\最大似然分类

Overall Accuracy = (169520132/178022208) 95.2241%
Kappa Coefficient = 0.9270

Ground Truth (Pixels)

Class	Unclassified	1: 马铃薯	4: 居民区道路	3: 水稻	2: 玉米
Unclassified	0	0	0	0	0
1: 马铃薯	0	2500433	1325792	4887031	10595
4: 居民区道路	0	102	15919076	552826	1271
3: 水稻	0	0	56137	10037220	16255
2: 玉米	0	0	778780	873287	55773597
Masked Pixels	0	0	0	0	0
Total	0	2500535	18079785	16350364	55801718

Ground Truth (Pixels)

Class	Masked Pixels	Total
Unclassified	0	0
1: 马铃薯	0	8723851
4: 居民区道路	0	16473275
3: 水稻	0	10109612
2: 玉米	0	57425664
Masked Pixels	85289806	85289806
Total	85289806	178022208

图 6–25 混淆矩阵表

Kappa 系数为 0. 927 0。从而为后续的马铃薯的面积、单产研究奠定了坚实基础。

（2）最大似然法可充分利用分类地区的先验知识，有目的选择需要的分类类别。可以控制训练样本的选择，并通过反复检验训练样本，提高分类精度，避免分类中的严重错误。

（3）最大似然法样本勾画过程中的人为主观因素较强。样本识别有一定的限度，仅能识别训练样本中定义的类别，对于未被定义的类别无能为力。

本研究的研究区域仅为吉林省长春下属的两个乡镇，作物提取的空间尺度较小，未来可考虑利用遥感影像数据进行大尺度的作物种植空间分布提取研究，为作物的面积、产量、病虫害遥感监测提供更加翔实的科学依据。此外，遥感影像分类方法众多，每种方法都各有特点，并不存在一种最普遍和最佳的算法。尽管最大似然分类方法有着较强的适应性，但由于真实地表地物的复杂多样，本研究并未考虑影像中不同的地物对分类结果产生的影响，这一点也需要在未来的研究中加以关注。

参考文献

陈颖姝，张晓春，王修贵，等 . 2014. 基于 Landsat8 OLI 与 MODIS 数

据的洪涝季节作物种植结构提取. 农业工程学报, 30 (21):
165-173.

范佳妮, 王振雷, 钱锋. 2005. BP 人工神经网络隐层结构设计的研究
进展. 控制工程, S1: 109-113.

方惠敏, 张守涛, 丁文珂. 2007. 基于 BP 神经网络的玉米区试产量预
测研究. 安徽农业科学, 35 (34): 10969-10970.

郭跃东, 宋旭东. 2016. 梯度下降法的分析和改进. 科技展望, 26
(15): 115, 117.

贾坤, 李强子, 田亦陈, 等. 2011. 微波后向散射数据改进农作物光
谱分类精度研究. 光谱学与光谱分析, 31 (2): 483-487.

贾坤, 李强子. 2013. 农作物遥感分类特征变量选择研究现状与展望.
资源科学, 35 (12): 2507-2516.

李石华, 王金亮, 毕艳, 等. 2005. 遥感图像分类方法研究综述 [J].
国土资源遥感 (2): 1-6.

李爽, 丁圣彦, 许叔明. 2002. 遥感影像分类方法比较研究 [J]. 河
南大学学报 (自然科学版) (2): 70-73.

李伟, 罗泽举. 2014. 基于线性神经网络的重庆市 GDP 发展研究. 重
庆工商大学学报 (自然科学版), 31 (2): 37-42.

李彦, 魏占民, 张圣微, 等. 2012. 基于遥感的沙壕渠控制区作物种
植结构与空间分布研究. 中国农村水利水电, (8): 20-23

李智, 赵子先, 郑君. 2006. 动量梯度下降法训练 BP 网络. 内蒙古科
技与经济, 12: 86-88.

刘传文. 2005. 基于 Hopfield 神经网络的遥感图像超分辨率识别算法.
武汉理工大学学报 (交通科学与工程版), 29 (6): 970-973.

刘东林, 王晶鑫. 1998. 农作物遥感分类中一种改进的最大似然法.
中国农业资源与区划 (5): 15-18.

罗小波, 王云安, 肖春宝, 等. 2004. RBF 神经网络在遥感影像分类
中的应用研究. 遥感技术与应用, 19 (2): 119-123.

马凯, 梁敏. 2017. 基于 BP 神经网络高光谱图像分类研究. 测绘与空
间地理信息, 40 (5): 118-121.

牛明昂, 王强, 崔希民, 等. 2016. 多分类器融合与单分类器影像分
类比较研究 [J]. 矿山测量, 44 (4): 11-15.

潘建刚, 赵文吉, 宫辉力. 2004. 遥感图像分类方法的研究 [J]. 首
都师范大学学报 (自然科学版) (3): 86-91.

彭光雄，宫阿都，崔伟宏，等.2009.多时相影像的典型区农作物识别分类方法对比研究.地球信息科学学报，11（2）：225-230.

森巴提，贾盛杰，郑江华，等.2014.资源三号卫星在种植型药用植物资源调查中的应用研究.新疆农业科学，51（2）：384-391.

沈花玉，王兆霞，高成耀，等.2008.BP神经网络隐含层单元数的确定.天津理工大学学报，24（5）：13-15.

唐华俊，吴文斌，杨鹏，等.2010.农作物空间格局遥感监测研究进展.中国农业科学，43（14）：2879-2888.

滕宗璠，张畅，王永智.1989.我国马铃薯适宜种植地区的分析.中国农业科学，22（2）：35-44.

田振坤，傅莺莺，刘素红，等.2013.基于无人机低空遥感的农作物快速分类方法.农业工程学报，29（7）：109-116.

王金亮，李石华，陈姚.2006.基于自组织神经网络的遥感图像分类应用研究.遥感信息，3：6-9.

王梦秋，万幼川，李刚.2014.核聚类改进的RBF神经网络遥感影像分类.测绘科学，39（1）：96-100.

王秀丽，马云倩，郭燕枝，等.2016.马铃薯的世界传播及对中国主食产业开发的启示.中国农学通报，32（35）：227-231.

熊勤学，黄敬峰.2009.利用NDVI指数时序特征监测秋收作物种植面积.农业工程学报，25（1）：144-148.

燕荣江，景元书，何馨.2010.农作物种植面积遥感提取研究进展.安徽农业科学，38（26）：14767-14768.

张焕雪，李强子，文宁，等.2015.农作物种植面积遥感估算的影响因素研究.国土资源遥感，27（4）：54-61.

Andújar D，Escol，Agrave A，et al.2013. Potential of a terrestrial LiDAR-based system to characterise weed vegetation in maize crops. Computers & Electronics in Agriculture，92（3）：11-15.

Asgarian A，Soffianian A，Pourmanafi S. 2016. Crop type mapping in a highly fragmented and heterogeneous agricultural landscape：A case of central Iran using multi-temporal Landsat 8 imagery. Computers & Electronics in Agriculture，127：531-540.

Binetti G，Del C L，Ragone R，et al. 2017. Cultivar classification of Apulian olive oils：Use of artificial neural networks for comparing NMR，NIR and merceological data. Food Chemistry，219：131.

Broomhead D S, Lowe D. 1988. Multivariable functional interpolation and adaptive networks. Complex Systems, 2 (3): 321-355.

Chellasamy M, Ferré T P A, Greve M H. 2016. Evaluating an ensemble classification approach for crop diversity verification in Danish greening subsidy control. International Journal of Applied Earth Observation & Geoinformation, 49: 10-23.

Conrad C, Lamers J P A, Ibragimov N, et al. 2016. Analysing irrigated crop rotation patterns in arid Uzbekistan by the means of remote sensing: A case study on post-Soviet agricultural land use. Journal of Arid Environments, 124: 150-159.

Conţiu Ş, Groza A. 2016. Improving remote sensing crop classification by argumentation-based conflict resolution in ensemble learning. Expert Systems with Applications, 64: 269-286.

Esch T, Metz A, Marconcini M, et al. 2014. Combined use of multi-seasonal high and medium resolution satellite imagery for parcel-related mapping of cropland and grassland. International Journal of Applied Earth Observation & Geoinformation, 28 (28): 230-237.

Gerstmann H, Möller M, Gläßer C. 2016. Optimization of spectral indices and long-term separability analysis for classification of cereal crops using multi-spectral RapidEye imagery. International Journal of Applied Earth Observation & Geoinformation, 52: 115-125.

Gong D, Chang J, Wei C.2011. An Adaptive Method for Choosing Center Sets of RBF Interpolation.Journal of Computers, 6 (10): 2112-2119.

Hartfield K A, Marsh S E, Kirk C D, et al. 2013. Contemporary and historical classification of crop types in Arizona. International Journal for Remote Sensing, 34 (17): 6024-6036.

Hatt M, Boussion N, Roux C, et al. 2009. Contribution of Multi-Frequency, Multi-Sensor, and Multi-Temporal Radar Data to Operational Annual Crop Mapping. Proceedings of the Geoscience and Remote Sensing Symposium, 2008 IGARSS 2008 IEEE International, Ⅲ-378-Ⅲ-381.

Hopfield J J. 1982. Neural Networks and Physical Systems with Emergent Collective Computational Abilities. Proceedings of the National Academy of Sciences of the United States of America, 79 (8): 2554.

Ion S. 1973. Bulletin of mathematical biology. Pergamon Press.

Jayanth J, Kumar T A, Koliwad S, et al. 2015. Identification of land cover changes in the coastal area of Dakshina Kannada district, South India during the year 2004 – 2008. Egyptian Journal of Remote Sensing & Space Science, 19 (1): 73-93.

Minsky M, Papert S. 1988. Perceptrons. MIT Press.

Patil A. 2013. Classification of crops using FCM segmentation and texture, color feature. Ijarcce Com, 1 (6): 371-377.

Peña-Barragán J M, Ngugi M K, Plant R E, et al. 2011. Object-based crop identification using multiple vegetation indices, textural features and crop phenology. Remote Sensing of Environment, 115 (6): 1301-1316.

Prasad A K, Chai L, Singh R P, et al. 2006. Crop yield estimation model for Iowa using remote sensing and surface parameters. International Journal of Applied Earth Observations & Geoinformation, 8 (1): 26-33.

Rumelhart D, Hinton G, William R. 1986. Learning representations by back-propagation errors, nature. MIT Press.

Satir O, Berberoglu S. 2016. Crop yield prediction under soil salinity using satellite derived vegetation indices. Field Crops Research, 192: 134-143.

Thenkabail P S, Lyon J G, Huete A. 2008. hyperspectral remote sensing of vegetation. CRC Press.

Van Niel T G, Mcvicar T R. 2004. Determining temporal windows for crop discrimination with remote sensing: a case study in south-eastern Australia. Computers & Electronics in Agriculture, 45 (1-3): 91-108.

Widrow B, Hoff M E. 1960. IRE Wescon Convention Record. Institute of Radio Engineers, 1960.

Witharana C, Civco D L, Meyer T H. 2014. Evaluation of data fusion and image segmentation in earth observation based rapid mapping workflows. Isprs Journal of Photogrammetry & Remote Sensing, 87 (2014): 1-18.

Zheng B, Campbell J B, Beurs K M D. 2012. Remote sensing of crop residue cover using multi-temporal Landsat imagery. Remote Sensing of Environment, 117 (2): 177-183.

第七章　马铃薯空间分布
变化机理分析

第一节　马铃薯空间分布及变化信息提取

2014 年，马铃薯成为我国继水稻、小麦和玉米之后的第四大主要粮食作物。鉴于马铃薯栽培方面的优点，在过去几十年，马铃薯在我国的种植面积和产量得到大幅度提升，薯农收入提高较快，同时实现了确保粮食安全的目标（高明杰等，2013）。目前，我国马铃薯种植总面积约为 $5×10^7 hm^2$，占全球马铃薯种植总面积的 20%以上；马铃薯产量近 $9 × 10^8 t$，占全球总产量的 25%，种植面积和产量在世界排名第一。此外，马铃薯在扶贫方面起着重要作用。中国目前还有约 590 个贫困县，其中 90%以上马铃薯种植面积较大（Li 等，2011）。随着 2014 年"马铃薯主粮化"政策的实施，在相关报道中有专家预测，中国马铃薯的种植总面积到 2020 年将会提升到 $10^8 hm^2$（中商情报网，2014）。因此，开展有关马铃薯空间分布研究具有重要意义。

一、研究区概况

建水县位于云南省南部、红河中游北岸，县境东接弥勒县、开远市和个旧市，南隔红河与元阳县相望，西邻石屏县，北与通海县、华宁县相连（图 7-1）。县城距省会昆明 198km，距州府蒙自 88km。鸡石、通建两条高等公路在建水交汇，穿境而过的泛亚铁路东线使建水成为连接东南亚的重要经济走廊。全县国土面积 3 789 km²，辖 8 镇 6 乡、138 个村委会、15个社区，2012 年户籍总人口 53.03 万，农业人口 43.13 万，占总人口 81.3%。

建水地处滇东高原南缘，地势南高北低，南部五老峰为最高点，海拔2 515 m，五老峰南至红河谷地的阿土村为最低点，海拔 230m。境内南北

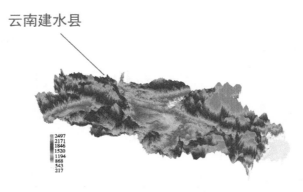

图 7-1　建水县地理位置及地形

分布有建水、曲江两个盆地，海拔 1 300 m。境内东西走向的山脉分南北两支，将建水和曲江两坝隔开（见图 7-2）。境内主要河流泸江河、曲江河、塔冲河、南庄河等属南盘江水系，坝头河、玛朗河、龙岔河等属红河水系。建水县位于低纬度地区，北回归线横穿南境，光照、无霜期长，有效积温高，属南亚热带季风气候。受季节和地形变化影响，呈现出夏季炎热多雨，冬季温和少雨的立体气候特征。建水地区年平均气温 19.8℃，年平均地温 20.8℃，年平均相对湿度 72%，年平均日照时数 2 322 h，年平均降雨量 805mm，全年无霜期 307d。截至 2014 年，建水地区耕地面积 45.3 万亩，其中水田 20.7 万亩，旱地 24.6 万亩；有宜林荒山 80 多万亩。建水地区的土壤分为黄棕壤、黄壤、红壤、燥红土、砖红壤性红壤、紫色土、冲积土、水稻土等 8 个土类，10 个亚类，17 个土属，49 个土种。

冬作马铃薯是近年来建水县冬季农业开发中发展迅速和外销量较大的大宗作物之一。2014 年全县种植面积9.116 5万亩，预计总产 17.79 万 t；与洋葱产业同样具有种植面积大、总产高、规模连片、经济效益显著等特点，近年来马铃薯全县种植面积、种植区域不断扩大，主要分布在县内的曲江、甸尾、李浩寨、面甸、临安、西庄、青龙等乡镇。其中主产区曲江镇种植面积 1.7 万亩，甸尾乡 2.015 万亩，李浩寨 0.35 万亩，其他乡镇为零星种植，是云南省冬马铃薯主产区之一。

二、实地调查

为了获得马铃薯种植空间分布和产量数据，项目组于 2014 年 11 月在研究区进行了野外实地调研和农户调查。设计用于调查的表格，记录地理

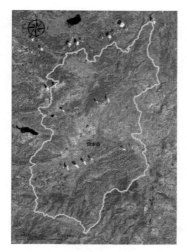

图 7-2　建水县作物种植

位置信息（包括经度、纬度、高度、作物类型、土壤分类、地形和地貌、种植制度、产量）。调查路线见图 7-3，调查共选择了 43 个点，并应用 GPS 定位仪进行定位（图 7-4，图 7-5）。在 43 个调查点中，20 个样品点位于马铃薯种植区，其余调查点位于水稻和蔬菜种植区。

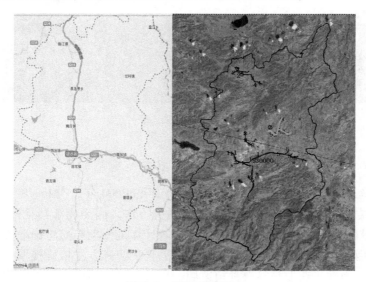

图 7-3　调查路线设计

图 7-4 区域内田间调查点

图 7-5 野外采点照片

三、技术方法和结果

根据研究需要确定研究年份为 2014 年和 2004 年，分析 10 年变化情况，首先以 2014 年为研究对象，确定研究方法。因为建水县是多山地区，且种植制度和作物种类较为复杂，普通的计算机分类和遥感提取方法效果不佳，因此，本研究采用多源信息融合的目视解译方法精确提取马铃薯种植区域。为准确获取马铃薯种植区域，项目组以当地政府提供的建水县行政区划图和土地利用现状图（图 7-6）作为底图进行数字化工作。首先对图层进行几何精校正，使用 ArcGIS 软件对图像进行矢量化工作，提取建

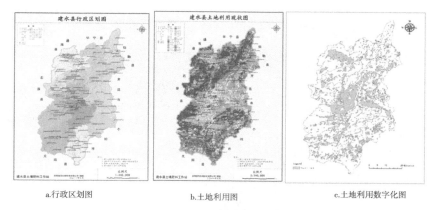

<table>
<tr><td>a.行政区划图</td><td>b.土地利用图</td><td>c.土地利用数字化图</td></tr>
</table>

图7-6　基础图件

水县县界、乡镇界线以及耕地分布。根据实地调研获取的采样点信息，将采样点经纬度导入，生成采样点的矢量分布并录入采样点属性信息。将30mDEM数据数据进行生成坡度图处理，将坡度大于25°的耕地剔除，剩余的耕地用于马铃薯空间分布解析。

表7-1　冬作马铃薯生长日历

生长周期		1月		2月		3月		11月		12月	
栽培	幼苗										
	闭合线										
	成熟										
花	发芽期										
	始花期										
	盛花期										
	终花期										
块茎	形成										
	肿胀										

　　根据表7-1可知，马铃薯冠层生长茂盛期是播种第二年的1—2月。因此，在选择遥感影像时，项目组充分考虑了马铃薯生长特点，选取2014年2月2日的Landsat 8影像进行马铃薯种植区域提取。影像需要质量良好（几乎无云）、且辐射校正和几何校正。将影像变换成假彩色7-5-4波段合成，识别马铃薯种植区域（图7-7）。选取2004年1月6日和2005年2月9日两张Landsat TM5影像对2004年马铃薯种植空间分布进行解译，获取2014年和2004年马铃薯种植空间分布图及变化图。

图7-7　TM 7-5-4　合成影像

从目视解译的结果看，2004年建水县马铃薯种植区主要集中在位于建水县西北角的曲江镇，全县马铃薯种植面积约为6 575亩（建水县2004年统计数据为6 112亩，解译误差为7.57%）。至2014年，在当地政府的大力推广和市场需求的驱动下，全县马铃薯种植面积增长至约92 444亩，面积增加了85 869亩，增长约14倍。由建水县2004—2014年马铃薯种植分布变化图可以看出，马铃薯种植面积在传统种植区域（曲江镇）大幅增加，县城周边区域马铃薯种植数量也有不同程度的增长（图7-8）。

第二节　马铃薯种植面积变化机理分析

基于多元线性回归模型建立相应的变量指标体系，并通过豪斯曼检验确定随机效应的面板数据回归模型，运用STATA 130软件，最终得到引起马铃薯种植面积变化的影响因素，并对模型结果进一步分析，以探寻引起马铃薯种植面积变化的根本原因，为我国马铃薯种植中长期战略决策提供参考。

一、指标筛选

作为四大粮食作物之一，马铃薯的播种面积的变化必定会受到很多因

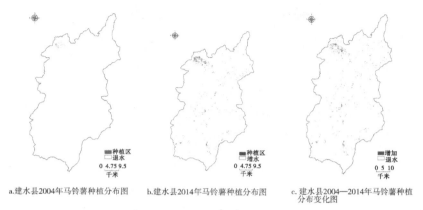

a.建水县2004年马铃薯种植分布图　　b.建水县2014年马铃薯种植分布图　　c.建水县2004—2014年马铃薯种植分布变化图

图 7-8　马铃薯空间分布及变化信息

素的影响。影响马铃薯播种面积变化的社会经济因素包括地区经济社会条件、人口特征、农业生产条件等。综合上述因素，通过建立多元线性回归模型函数，选取合适的变量指标或替代变量进行研究（表 7-2）。

地区经济社会条件。地区经济发展水平是影响农民生产行为的重要因素之一，可选取农林牧渔总产值、财政收入、财政支出、农村居民人均纯收入等指标。农业生产资源条件。生产条件的优劣是影响马铃薯生产的最主要因素，可选取农村劳动力、耕地面积、受灾面积、化肥、农药、农膜、马铃薯总产量等指标。作物种植结构。农业种植结构是影响马铃薯种植面积变化的主要因素，主要选取稻谷播种面积、稻米总产量、小麦播种面积、小麦总产量、玉米播种面积、玉米总产量、豆类播种面积、薯类播种面积、油料作物播种面积、花生播种面积、油菜籽播种面积、糖类播种面积、烟叶播种面积、蔬菜播种面积、瓜果播种面积、青饲料播种面积、果园播种面积、大牲畜年末存栏数等指标。

表 7-2　小麦生产函数投入要素变量

变量名	变量指标	单位	预期作用
Y	马铃薯播种面积	公顷	
X_1	农林牧渔总产值	万元	−
X_2	财政支出	万元	+/−
X_3	财政收入	万元	+/−
X_4	农村居民人均纯收入	元	+/−
X_5	农村劳动力	人	+/−

（续表）

变量名	变量指标	单位	预期作用
X_6	耕地面积	公顷	+
X_7	受灾面积	公顷	−
X_8	化肥	吨	+
X_9	农药	吨	+
X_{10}	农膜	吨	+
X_{11}	马铃薯总产量	吨	+
X_{12}	稻谷播种面积	公顷	−
X_{13}	稻米总产量	吨	−
X_{14}	小麦播种面积	公顷	−
X_{15}	小麦总产量	吨	−
X_{16}	玉米播种面积	公顷	+/−
X_{17}	玉米总产量	吨	−
X_{18}	豆类播种面积	公顷	−
X_{19}	其他薯类播种面积	公顷	−
X_{20}	油料作物播种面积	公顷	−
X_{21}	花生播种面积	公顷	−
X_{22}	油菜籽播种面积	公顷	−
X_{23}	糖类播种面积	公顷	−
X_{24}	烟叶播种面积	公顷	−
X_{25}	蔬菜播种面积	公顷	−
X_{26}	瓜果播种面积	公顷	−
X_{27}	青饲料播种面积	公顷	−
X_{28}	果园播种面积	公顷	−
X_{29}	大牲畜年末存栏数	头	+

注：预期作用方向根据相关专家意见得出；数据来源：作者整理

二、建立模型

根据以往众多的研究结果，建立多元线性回归模型的基本形式：

$$Y_{it} = \beta_{it} + \beta_{jt} \cdot X_{it} + \gamma_{it} \quad i = 1, 2, \cdots, N \quad t = 1, 2, \cdots, T \quad 式（7-1）$$

Y_{it} 和 X_{it} 分别表示生产单位在第 t 年的投入和产出；β_{jt} 表示与 X_{it} 投入相对应的未知的待估参数；γ_{it} 表示一个随机变量，假定其服从均值为零，

方差为 σ^2 的正态分布，即 $\gamma_{it} \sim N(0, \sigma^2)$ ，且服从独立一致分布。

　　为了更好地应用多元回归统计方法量化马铃薯种植面积变化与各种社会经济因子之间的关系，提取建水县面板数据中多种社会经济指标，明确了其统计数量关系，应用 *STATA* 13.0 软件完成：第一步，将所有的统计量输入 *STATA* 软件，应用多元回归的方法提取关键影响指标（即其 *P* 值小于 0.05）和主观认为比较重要的指标，判断符合要求后，即加入模型；第二步，再次将所有的统计量输入 *STATA* 软件，输出每个统计量的 *P* 值，剔除 *P* 值特别大的指标及存在共线性的指标，再次用进入方法计算出其参数值，判断其是否符合实际情况，最终判定统计方程及相关参数，如图 7-9 所示。

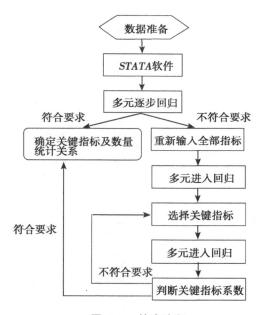

图 7-9　技术流程

三、结果分析

　　基于面板数据的多元线性回归模型基本形式，建立随机效应的面板数据模型、*OLS* 混合效应的面板模型、变化率数据形式的随机效应的面板模型，进行对比分析，结果如下。

1. 随机效应面板数据模型

运用 *STATA* 13.0 软件建立随机效应面板数据模型，参数估计结果如表所示（表7-3）。经过迭代运算，分别得到各个解释变量的作用大小，根据 Wald 检验，模型的拟合程度较好；从被解释变量分析，耕地面积、马铃薯总产量、油料作物播种面积、花生播种面积、油菜籽播种面积和糖类播种面积这六个变量 P 值均较显著。从解释变量分析，耕地面积、马铃薯总产量、油料作物播种面积对马铃薯播种面积有正向影响作用；花生播种面积、油菜籽播种面积、糖类播种面积对马铃薯播种面积有负向影响作用；而农林牧渔总产值、农村劳动力、稻谷播种面积、小麦播种面积、玉米播种面积对马铃薯播种面积影响均不显著。

表7-3 随机效应模型结果

	解释变量	系数	标准差	Z-统计量
模型变量	农林牧渔总产值	-0.001 5	0.002 6	-0.580 0
	财政支出	0.002 1	0.003 0	0.710 0
	财政收入	0.003 8	0.003 1	1.230 0
	农村居民人均纯收入	-0.173 7	0.192 2	-0.900 0
	农村劳动力	-0.004 9	0.004 1	-1.220 0
	耕地面积	0.111 3	0.038 0	2.930 0 ***
	受灾面积	0.003 0	0.012 6	0.240 0
	化肥	0.007 5	0.007 9	0.950 0
	农药	-0.212 9	0.204 6	-1.040 0
	农膜	0.373 0	0.307 1	1.210 0
	马铃薯总产量	0.285 9	0.015 6	18.360 0 ***
	稻谷播种面积	-0.052 3	0.125 2	-0.420 0
	稻米总产量	-0.003 9	0.014 8	-0.260 0
	小麦播种面积	-0.004 9	0.064 5	-0.080 0
	小麦总产量	-0.023 2	0.027 8	-0.840 0
	玉米播种面积	0.001 7	0.074 3	0.020 0
	玉米总产量	-0.012 0	0.015 1	-0.800 0
	豆类播种面积	0.064 6	0.086 9	0.740 0
	其他薯类播种面积	-0.061 0	0.045 7	-1.340 0
	油料作物播种面积	0.851 7	0.510 1	1.670 0 *
	花生播种面积	-1.112 8	0.592 0	-1.880 0 *
	油菜籽播种面积	-0.847 5	0.492 2	-1.720 0 *
	糖类播种面积	-0.140 1	0.069 5	-2.020 0 **
	烟叶播种面积	0.007 9	0.064 8	0.120 0
	蔬菜播种面积	0.002 1	0.033 3	0.060 0
	瓜果播种面积	-0.256 9	0.173 0	-1.480 0
	青饲料播种面积	0.145 1	0.099 9	1.450 0
	果园播种面积	-0.048 3	0.033 3	-1.450 0
	大牲畜年末存栏数	0.001 1	0.005 1	0.220 0
	截距项	206.223 5	246.709 7	0.840 0

（续表）

	解释变量		系数	标准差	Z-统计量
其他统计量	*Wald chi 2*（29）				1 897.24
	Prob				0.000 0
	R²	*within*			0.946 6
		between			0.926 4
		overall			0.945 2
	Sigma_ e				81.256 6
	横截面数				14
	年份				10
	样本量				140

注：*代表在10%的显著性水平下显著，**代表在5%的显著性水平下，***代表在1%的显著性水平下；数据来源：建水县农业局

2. OLS 混合效应面板模型

通过建立 OLS 混合效应面板模型的分析结果如下：根据 F 检验，模型总体 P 值显著，说明模型的拟合程度较好；从被解释变量分析，耕地面积、农村劳动力、瓜果类播种面积、马铃薯总产量四个变量对马铃薯播种面积影响极其显著，油菜籽播种面积、花生播种面积、玉米产量较显著，财政收入、油料作物播种面积、糖类播种面积对马铃薯播种面积影响一般显著。从解释变量分析，油料作物播种面积、财政收入、耕地面积对马铃薯播种面积有正向影响作用；油菜籽播种面积、玉米产量、农村劳动力、瓜果类播种面积、马铃薯总产量、花生播种面积、糖类播种面积对马铃薯播种面积有负向影响作用；而农林牧渔总产值、稻谷播种面积、小麦播种面积、玉米播种面积对马铃薯播种面积影响均不显著（表7-4）。

表 7-4 OLS 混合效应模型结果

	解释变量	系数	标准差	Z-统计量
模型变量	油菜籽播种面积	-0.793 7	0.397 8	-2.000 0*
	油料作物播种面积	0.698 5	0.381 1	1.830 0*
	财政收入	0.000 7	0.000 3	1.960 0*
	玉米产量	-0.014 1	0.005 4	-2.600 0**
	农村劳动力	-0.004 4	0.001 5	-2.880 0***
	耕地面积	0.099 3	0.024 8	4.010 0***
	瓜果类播种面积	-0.288 7	0.109 5	-2.640 0***
	糖类播种面积	-0.101 1	0.051 9	-1.950 0*
	花生播种面积	-0.959 7	0.472 0	-2.030 0**
	马铃薯总产量	0.282 1	0.010 6	26.710 0***
	截距项	-18.676 5	25.225 5	-0.740 0

（续表）

	解释变量	系数	标准差	Z-统计量
其他统计量	F (29, 110)			192.44
	$Prob$			0.000 0
	R^2			0.937 2
	调整后的 R^2			0.932 3
	横截面数			14
	年份			10
	样本量			140

标注：＊代表在10%的显著性水平下显著，＊＊代表在5%的显著性水平下，＊＊＊代表在1%的显著性水平下；数据来源：建水县农业局

3. 变化率数据形式的随机效应面板模型

用各变量指标的年变化率作为统计量，在一定程度上可以表示各变量指标变化的速度快慢，各指标变化的相对数在一定程度上要优于其绝对数。然而统计结果表明，应用年变化率建立的随机效应面板模型只有农村劳动力和马铃薯产量两个指标对马铃薯播种面积影响较为显著，其余变量对马铃薯播种面积影响均不显著（表7-5）。

表7-5　变化率数据形式的随机效应模型结果

	解释变量	系数	标准差	Z-统计量
模型变量	农林牧渔总产值	0.141 1	0.269 3	0.520 0
	农村劳动力	−12.200 0	6.749 7	−1.810 0*
	耕地面积	−12.344 4	12.698 2	−0.970 0
	受灾面积	−0.094 0	0.105 6	−0.890 0
	化肥	1.231 1	1.356 5	0.910 0
	农药	0.012 7	0.438 6	0.030 0
	农膜	0.099 0	0.171 6	0.580 0
	马铃薯总产量	0.696 9	0.050 0	13.940 0***
	稻谷播种面积	1.212 3	1.091 2	1.110 0
	稻米总产量	−0.781 0	1.179 8	−0.660 0
	小麦播种面积	−0.439 5	0.273 4	−1.610 0
	小麦总产量	0.007 3	0.011 4	0.640 0
	玉米播种面积	−1.025 3	0.697 8	−1.470 0
	玉米总产量	0.506 4	0.615 1	0.820 0
	豆类播种面积	−0.030 3	0.146 7	−0.210 0

（续表）

解释变量		系数	标准差	Z-统计量
模型变量	其他薯类播种面积	0.013 8	0.051 9	0.270 0
	油料作物播种面积	−0.106 5	0.293 7	−0.360 0
	花生播种面积	−0.156 3	0.287 5	−0.540 0
	油菜籽播种面积	0.077 6	0.153 5	0.510 0
	糖类播种面积	−0.126 7	0.298 3	−0.420 0
	烟叶播种面积	0.253 5	0.923 9	0.270 0
	蔬菜播种面积	0.137 3	0.275 1	0.500 0
	瓜果播种面积	0.031 4	0.109 7	0.290 0
	青饲料播种面积	0.126 0	0.203 6	0.620 0
	果园播种面积	−0.098 5	0.304 7	−0.320 0
	大牲畜年末存栏数	−2.052 7	2.253 9	−0.910 0
	截距项	0.126 6	0.198 6	0.640 0
其他统计量	Wald chi2 (26)			269.43
	Prob			0.000 0
	R^2	within		0.740 7
		between		0.601 6
		overall		0.731 3
	Sigma_ e			1.084 4
	横截面数			14
	年份			9
	样本量			126

注：*代表在10%的显著性水平下显著，**代表在5%的显著性水平下，***代表在1%的显著性水平下；数据来源：作者整理

四、讨论

本研究选取了29个解释变量作为影响马铃薯播种面积的指标，其中财政收入、耕地面积、农村劳动力、马铃薯总产量、玉米总产量、油料作物播种面积、花生播种面积、油菜籽播种面积、瓜果类播种面积和糖类播种面积均在不同程度上有显著影响，其余解释变量的影响均不显著。从表7-6可以看出，耕地面积、农村劳动力、马铃薯总产量、玉米总产量、花生播种面积、油菜籽播种面积、瓜果类播种面积和糖类播种面积在模型中模拟的结果与预期的情况一致。

表 7-6　模型模拟结果与其对照

	变量名称	变量符号	在模型中作用方向	与预期是否一致	显著性水平
被解释变量	马铃薯播种面积	Y			
解释变量	财政收入	X_3	+		显著*
	农村劳动力	X_5	−	一致	显著***
	耕地面积	X_6	+	一致	显著***
	马铃薯总产量	X_{11}	+	一致	显著***
	玉米总产量	X_{17}	−	一致	显著**
	油料作物播种面积	X_{20}	+		显著*
	花生播种面积	X_{21}	−	一致	显著**
	油菜籽播种面积	X_{22}	−	一致	显著**
	糖类播种面积	X_{23}	−	一致	显著*
	瓜果类播种面积	X_{26}	−	一致	显著***

注：* 表示 1% 的显著性水平，** 表示 5% 的显著性水平，*** 表示 10% 的显著性水平

参考文献

高明杰，罗其友，刘洋，等 . 2013. 中国马铃薯产业发展态势分析 ［J］. 4：243-247.

Li, S. T., Duan, Y., Guo, T. W., et al. 2011. Potassium management in potato production in Northwest region of China ［J］. Field Crops Research，174：48-54.

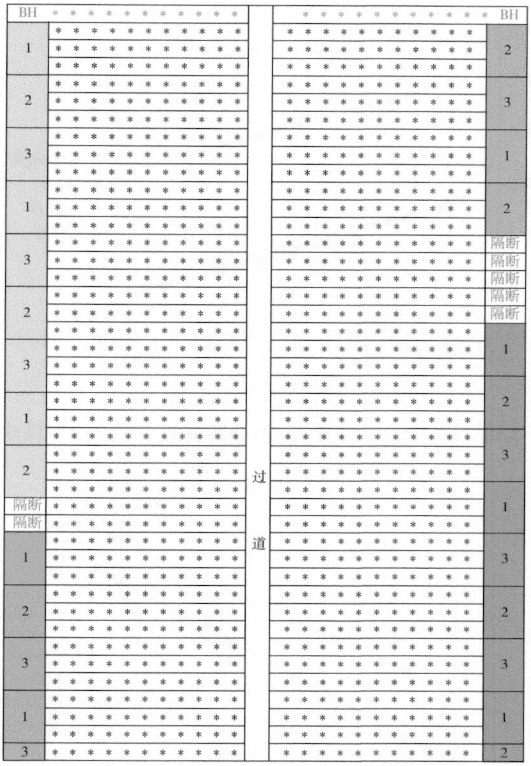

图1-2　马铃薯大棚水氮组合实验方案

注：黄色代表水分少（WS）的区域，绿色代表正常水分（CK）区域，蓝色代表水分多（WM）的区域；1代表肥处少理，2代表正常处理，3代表多肥处理。
BH为保护行；*为植株

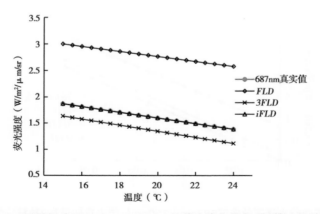

图5-1　不同温度下687nm、760nm处荧光真实值与3种算法的估计值

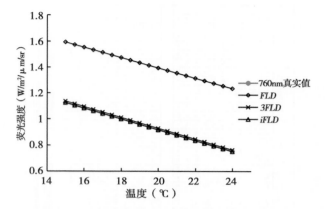

图5-2　不同温度下687nm、760nm处荧光真实值与3种算法的估计值

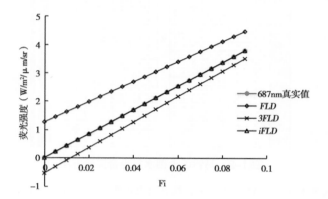

图5-3　不同荧光量子效率下687nm、760nm处荧光真实值与3种算法的估计值

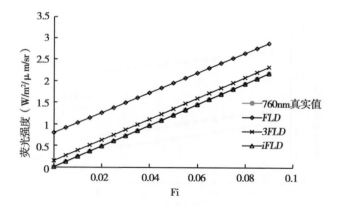

图5-4　不同荧光量子效率下687nm、760nm处荧光真实值与3种算法的估计值

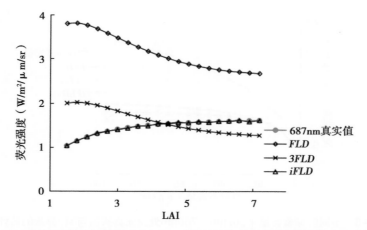

图5-5　不同叶面积指数下687nm、760nm处荧光真实值与3种算法的估计值

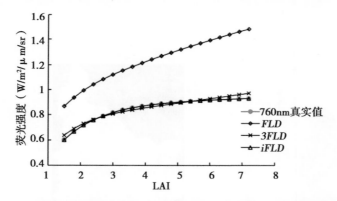

图5-6　不同叶面积指数下687nm、760nm处荧光真实值与3种算法的估计值

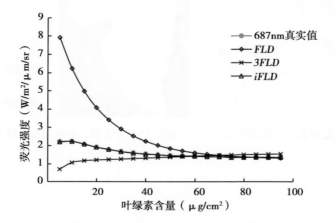

图5-7　不同叶绿素含量下687nm、760nm处荧光真实值与3种算法的估计值

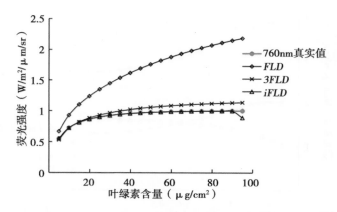

图5-8　不同叶绿素含量下687nm、760nm处荧光真实值与3种算法的估计值

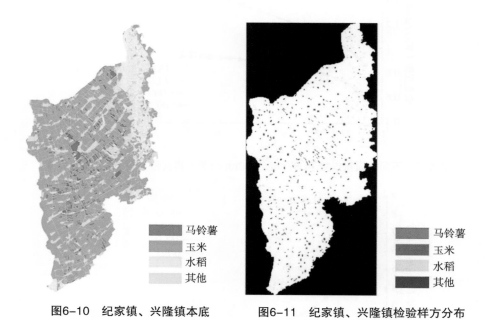

图6-10　纪家镇、兴隆镇本底　　　　图6-11　纪家镇、兴隆镇检验样方分布

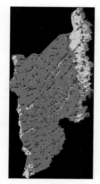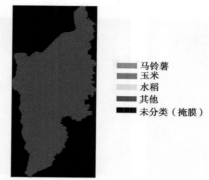

活化函数为对数函数　　　　　　　　　活化函数为双曲线函数

图6-12　活化函数调节结果

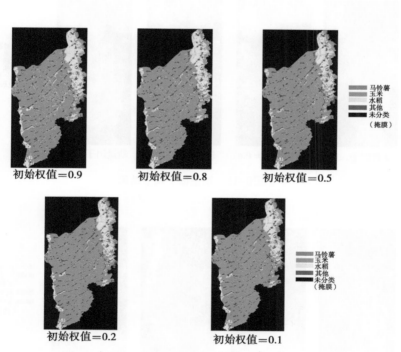

初始权值=0.9　　　　　初始权值=0.8　　　　　初始权值=0.5

初始权值=0.2　　　　　初始权值=0.1

图6-13　初始权值调节结果

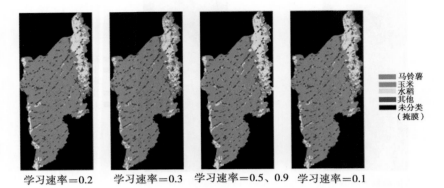

马铃薯
玉米
水稻
其他
未分类
（掩膜）

学习速率＝0.2　　　学习速率＝0.3　　　学习速率＝0.5、0.9　　学习速率＝0.1

图6-14　学习速率调节结果

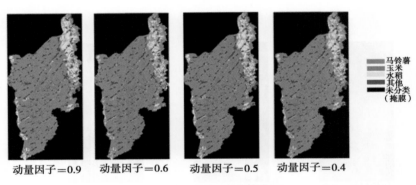

马铃薯
玉米
水稻
其他
未分类
（掩膜）

动量因子＝0.9　　　动量因子＝0.6　　　动量因子＝0.5　　　动量因子＝0.4

图6-15　动量因子调节结果

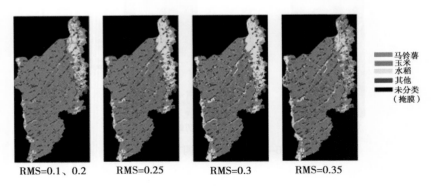

马铃薯
玉米
水稻
其他
未分类
（掩膜）

RMS=0.1、0.2　　　RMS=0.25　　　RMS=0.3　　　RMS=0.35

图6-16　RMS调节结果

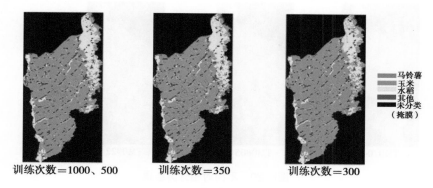

训练次数＝1000、500　　　　训练次数＝350　　　　训练次数＝300

图6-18　训练次数调节结果

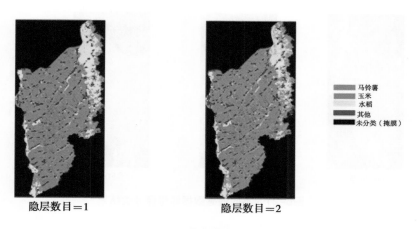

隐层数目＝1　　　　　　　　隐层数目＝2

图6-17　隐层数目调节结果

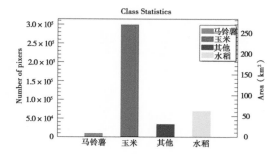

图6-19　TM0704分类面积统计

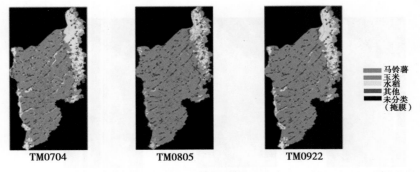

马铃薯
玉米
水稻
其他
未分类
（掩膜）

TM0704   TM0805   TM0922

图6-20　不同时相分类结果

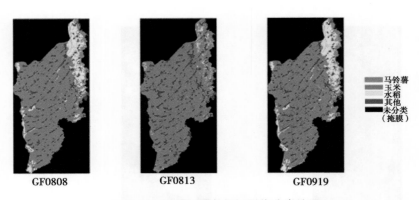

马铃薯
玉米
水稻
其他
未分类
（掩膜）

GF0808   GF0813   GF0919

图6-21　不同遥感数据源影像分类结果